工业设计考研手绘

快题表达攻关宝典（修订版）

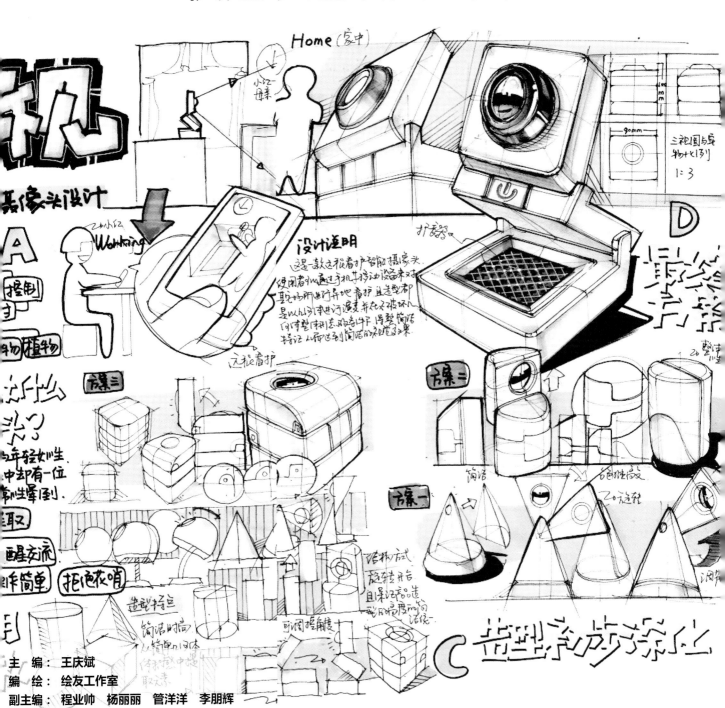

主　编：王庆斌

编　绘：绘友工作室

副主编：程业帅　杨丽丽　管洋洋　李朋辉

江苏凤凰美术出版社

图书在版编目（CIP）数据

工业设计考研手绘快题表达攻关宝典 / 王庆斌主编
. — 南京：江苏凤凰美术出版社，2016.6（2021.8 重印）
ISBN 978-7-5580-0741-5

Ⅰ.①工… Ⅱ.①王… Ⅲ.①工业设计—研究生—入
学考试—习题集 Ⅳ.① TB47-44

中国版本图书馆 CIP 数据核字（2016）第 153719 号

责任编辑　王左佐
助理编辑　唐　凡
责任校对　刁海裕
责任监印　于　磊

书　　名　工业设计考研手绘快题表达攻关宝典
主　　编　王庆斌
出版发行　江苏凤凰美术出版社（南京市湖南路1号　邮编：210009）
出版社网址　http://www.jsmscbs.com.cn
制　　版　南京新华丰制版有限公司
印　　刷　南京凯德印刷有限公司
开　　本　889mm×1194mm　1/16
印　　张　12.25
版　　次　2016年6月第1版　2021年8月第3次印刷
标准书号　ISBN 978-7-5580-0741-5
定　　价　79.00元

营销部电话　025-68155661　营销部地址　南京市湖南路1号
江苏凤凰美术出版社图书凡印装错误可向承印厂调换

前言

　　《工业设计考研手绘——快题表达攻关宝典》是一本针对工业设计、产品设计考研快题手绘进行系统介绍的教材，主编团队希望它可以帮助工业设计、产品设计专业的考生，在准备快题设计这一考研科目时能够制定出更为科学和高效的学习计划。

　　从内容上来说，本书对重点设置了工业设计类专业的院校进行了很全面的了解分析，根据它们的考题类型分别制定出了不同的应试技巧和备战方案。无论是偏艺术类的美术学院和艺术学院，还是偏理工或者人文类的综合性大学，本书为大家提供了大量的可供学习和临摹的高分范卷。同时由于主编团队始终都秉承着"手绘服务于设计"的原则，所以在大体内容上，基本还是围绕工业设计专业的相关知识而展开的，而且将工业设计考研手绘与基本的设计手绘进行合理的区分及拆离，并在设计手绘这一整体领域中，选取出了考研手绘这一特殊类别，进行了更为深入和细致的介绍。

　　从适用人群上来说，本图书的主要针对人群为准备参加工业设计专业研究生入学考试的考生。同时书中的内容也可以给很多非工业设计专业的考研人士提供大量具有参考价值的相关知识、理论和方法。比如说已毕业的工作人员或者工业设计的爱好者。

　　本书的主编团队在多年的工业设计专业的教学中，遇到了很多想要考研或者考博的学生，并根据他们的情况制定出了很多高校的备考方案，最终决定将这些多年的经验整理为一本书，系统介绍该如何准备工业设计考研快题设计的教材。该教材也在绘友手绘工作室作为内部教材使用多年，我们希望本书能为更多的考研学子提供一定的帮助。最后，衷心祝福各位能在研究生入学考试中取得优秀的成绩并能考上理想的院校。

王庆斌

2016 年 5 月

目录

绘友手绘训练营课堂实况

发现自己画得不理想 ➡ 为什么最终效果不理想 ➡ 什么样才是理想的效果 ➡ 怎么样去完成

这样才是进步

第一章 考研手绘到底考什么

凡事沾上一个"考"字，便是一件相对比较费工夫的事情，更何况是规模宏大的全国研究生入学考试。

在工业设计专业研究生入学考试中，"专业设计"（产品快题手绘表达）这一考试科目，较于其他科目来说还是比较特殊的，它主要特殊在不是单纯的文字作答而是需要将自己的想法通过图画的方式进行可视化。这就明显给考生增添了一个难题——手上的绘图功夫必须可以支撑起你的设计理念并将其表达出来。

大家可以想象一下这样一个场景：设计理念很优秀的你信心满满地走进了考场，打开了试卷，并在审题之后，想出了一套很优秀的设计方案，但提起笔之后却无法将它画出来。

以上这个故事是想给大家传递一个信息：快题设计成绩的高低与你的手上功夫是否过硬是有非常大的关系！

第2节 思维过程是否合理

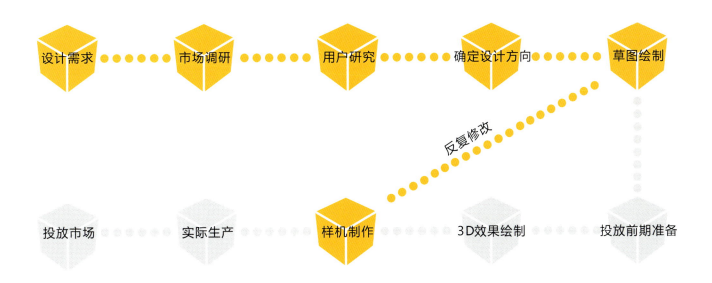

以上的这个图示是我们在进行设计活动中的一个基本流程，然而在考试中由于工具、时间、条件的限制，我们只能在画纸上将黄色图标的这一段流程通过二维的方式来表现出来。阅卷老师则可以通过这一段的设计流程来看出大家的设计思维是否合理，从而来决定你整张卷面的最终分数。

第3节 想法是否创新

设计本身就是一个创造性活动，所以"创新"是我们卷面上必不可少的组成部分。但是客观一点来说，若想在考场上的三个小时内想出一套成熟且优秀的设计方案，并紧接着将其绘制出来，时间上还是比较紧迫的，在这个时候你就会发现平时的积累是多么的重要，所以大家千万不要以为只要基本功过硬就可以得到高分。因为时间的限制、考场的紧张氛围、大量的绘图工作等因素都会影响你在考场上的发挥，所以此时你的设计思维的合理性、想法的创新性便显得至关重要了。

第4节 卷面是否出众

俗话都说"枪打出头鸟"，然而在考研这场"战役"中却恰恰相反，而是谁"跳"出来了，谁就赢了。大家可以回想一下老师阅卷的场景，你就会意识到老师能快速看见你的卷子是一件多么幸运的事情。下面我们来做一个调查：当你第一眼看到下面六张卷面的时候，哪一张是最吸引你的呢？

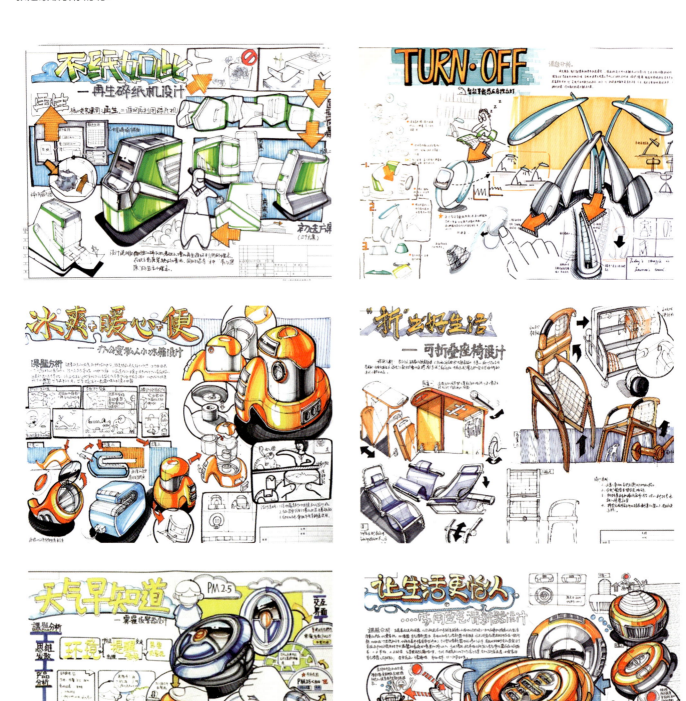

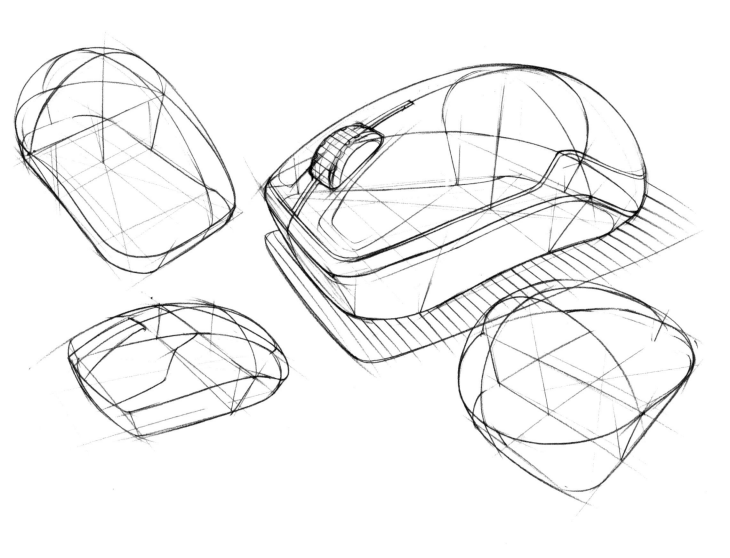

第二章 "扎好马步"的重要性

第1节　工具的选择

绘图工具主要分为：勾线类、上色类、纸类、尺规类几大类别。下面我们来分析一下在考试中比较适合用什么工具。

勾线类：1 针管笔：干净、利落、型号多，不易修改，但却对线条准确的练习有非常大的帮助；
　　　　2 铅笔：风格性强、易修改，易产生依赖，与马克笔合用易脏；
　　　　3 圆珠笔：利落、快速，但与马克笔一起使用时易晕染。

上色类：1 马克笔：干净、高效、风格性强、操作简单；
　　　　2 色粉：细腻、逼真、操作过程繁琐、效率略低；
　　　　3 彩铅：易操作、可与马克笔和色粉搭配使用。

图纸类：考试时一般考试单位会提供。平时练习建议使用常规的复印纸即可。

尺规类：根据个人基本功和绘图习惯去选择（建议初学者不要过多使用尺规，以免产生依赖性。

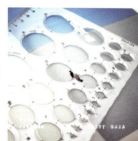

第2节　线条的练习方法

直线练习

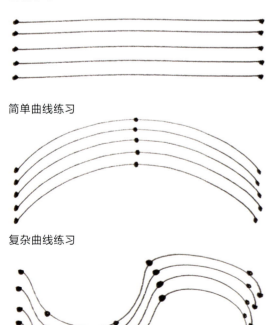

简单曲线练习

复杂曲线练习

线条的水准会在很大程度上影响一张画的效果，由此可见对于线条的把握是手绘练习的一个重要组成部分。但是有一大部分小伙伴却过分夸大了线条在手绘练习中所占的比重，并一味地去盲目追求线条的"飘逸潇洒"，而忽略了一些构成优秀手绘作品的其他因素，比如说准确性、灵活性及可读性。

我们比较推荐大家用"定点连线"的方法去练习线条。（如上图）因为准确的线条起点和落点会很容易帮助大家锻炼自己的控笔能力。而大家如果只是单纯盲目地画线条，就会出现下面这种情况：在画结构较为复杂的产品（比如车）时，单看每根线条，流畅度还是不错的，可是却没法按照准确产品的形态和比例连接到一起。谨记：每一根线条都要有强烈的目的性。

第3节 产品线稿的准确度加强

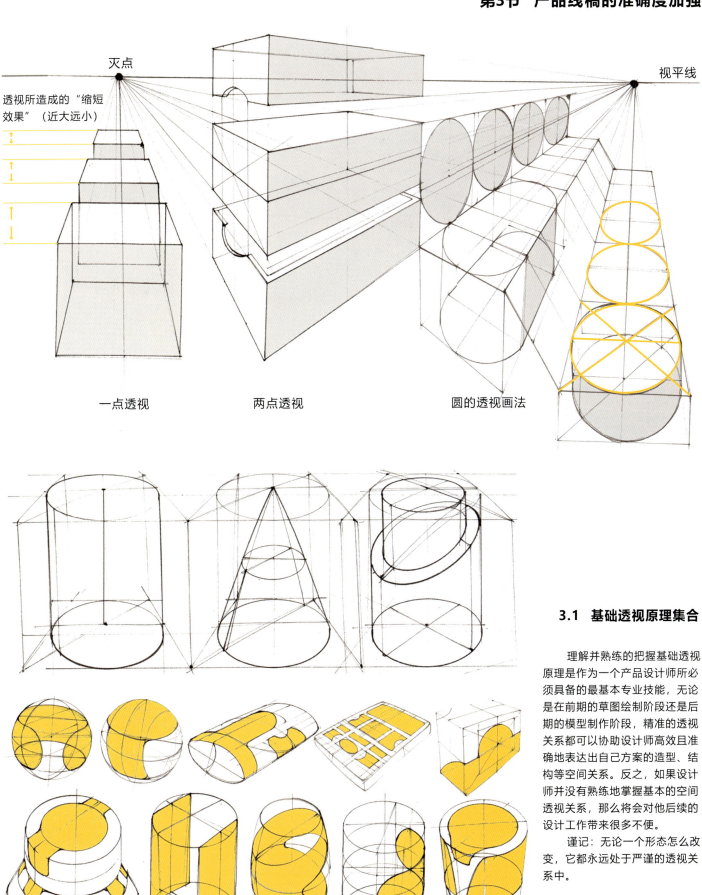

灭点

视平线

透视所造成的"缩短效果"（近大远小）

一点透视

两点透视

圆的透视画法

3.1 基础透视原理集合

理解并熟练的把握基础透视原理是作为一个产品设计师所必须具备的最基本专业技能，无论是在前期的草图绘制阶段还是后期的模型制作阶段，精准的透视关系都可以协助设计师高效且准确地表达出自己方案的造型、结构等空间关系。反之，如果设计师并没有熟练地掌握基本的空间透视关系，那么将会对他后续的设计工作带来很多不便。

谨记：无论一个形态怎么改变，它都永远处于严谨的透视关系中。

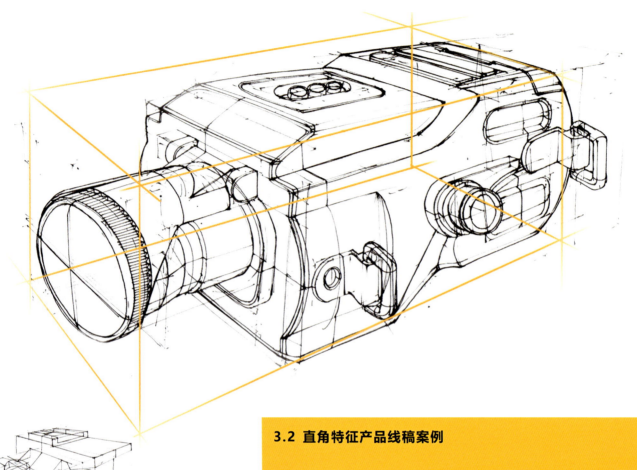

3.2 直角特征产品线稿案例

　　很多手绘初学者在进行手绘练习时，都会经常犯一个错误——急于求成，比如先草草地画一个线稿，然后立马兴致勃勃地去花大量的时间上色或者排版。这种不科学的手绘练习方法一般都通过下面这种效果而体现在卷面上：产品的上色稿和整体的版面效果看着不错，但是对产品本身形体的刻画，却有很大的问题，并且没法深入细致地观看，比如透视错误，形体变形等。

　　之所以会造成这样一个现象，是因为相比于线稿，上色过程所产生的卷面效果更为快速且直观，这便诱使了很多初学者忽略了线稿准确度的重要性。

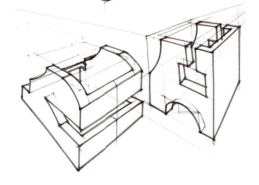

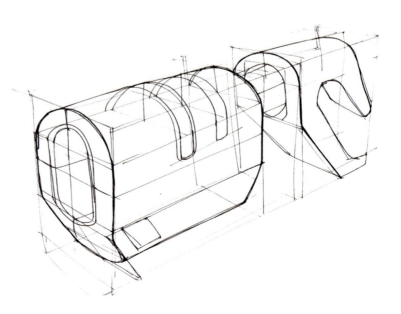

3.3 曲面特征产品线稿案例

　　我们可以举一个例子，在2013和2014两年的研究生考试中，绘友手绘工作室的一位考生在3个小时考试时间分配中用了2小时20钟的时间去刻画线稿，而只给产品上颜色预留了40分钟时间 。这也促使其线稿交代得非常充分和耐看，所以在后面上色的过程中，他便为自己减轻了太多的刻画负担，以至于他后来的快题设计的分数均为当年的最高分。

　　谨记：画画就像盖房子，线稿是框架，色彩是补充和修饰；如果你的框架都没有搭建结实的话，那么你做再多的装饰也是徒劳的。

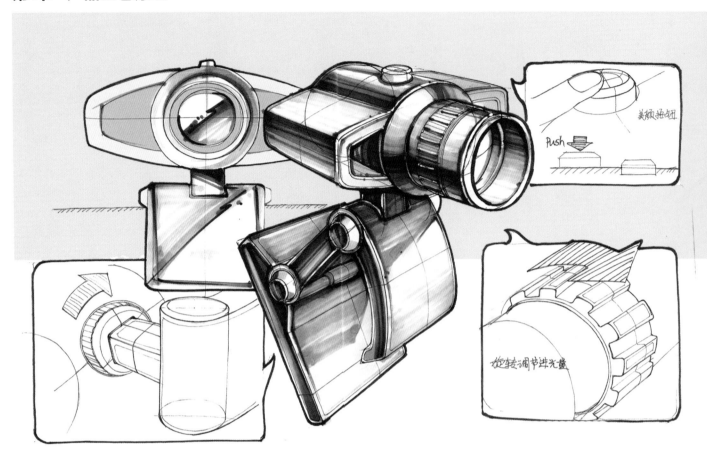

有光便有影,光影对产品的体积、材质、氛围会产生很大的影响。然而在日常生活中,我们看到的产品大多都是处于复杂的自然光中,光影效果的对比看起来并非那么强烈。所以当我们在绘制产品效果图的时候,不可将光影关系过分还原,否则将会给我们的绘图工作带来很多不便。我们应该进行一些人为的取舍,选一个最佳的光源角度,然后根据产品的形体结构的转折,将产品身上的光影进行简化归纳和夸张,从而刻画出产品的体积和最终效果图。

谨记　色彩表现的作用:1 表现色相和材质;　2 增强体积;3 美化画面。

4.1 产品基本明暗关系

绘友建议大家在练习产品上色的前期阶段,用灰色马克笔去进行产品基本明暗关系的练习。因为只有将产品的基本明暗关系掌握熟练,才可以在后期将各种色相及材质的产品刻画到位。

特殊形态光影关系

4.2 产品色相的表达

🔶 橙黄色系　　🔶 红色系　　🔶 紫色系

🔶 绿色系　　🔶 粉色系　　🔶 蓝色系

几大常用色系的表达

16

4.3 特殊材质的表达

　　一个产品对于材质的选择是非常重要的，首先不同的材质具有不同的特性，并需要满足不同产品领域的一些硬性要求，比如说强度、耐磨度、安全性等。其次材质的选择在很大程度上也影响着用户在使用产品时的服务体验，即所说的视觉、嗅觉、触觉等。

　　故在产品效果图的绘制中，设计师应熟知光影和各类材质之间的关系，同时应该具备熟练地描绘各类材质的能力，这样不仅会让方案效果图的效果看起来更为完善，同时也会推进设计团队对该方案进行进一步推敲和深入。

各种材质的马克笔表达效果

4.4 金属材质

　　金属材质是很常见的一种材质，以一种简单、富有变化、沉静的特性被很多设计师运用在自己的产品中。而在各类金属材质中，被运用最多的还是镀铬金属，因此我们在表达金属材质时，可以用个性突出的镀铬金属来进行代表，而关于该材质最终的反光度和色调等细节，我们可以在后期通过一些二维或者三维的软件来进行调整。

镀铬金属材质在产品设计手绘的应用案例

　　绘制金属材质时，可以夸大产品的光影关系对比，将亮面和暗面的关系进行人为加强，这样可以使画面的最终效果表现得更为直观。我们可以通过黑色、灰色、淡蓝这三种色系来表现出镀铬金属的材质效果。

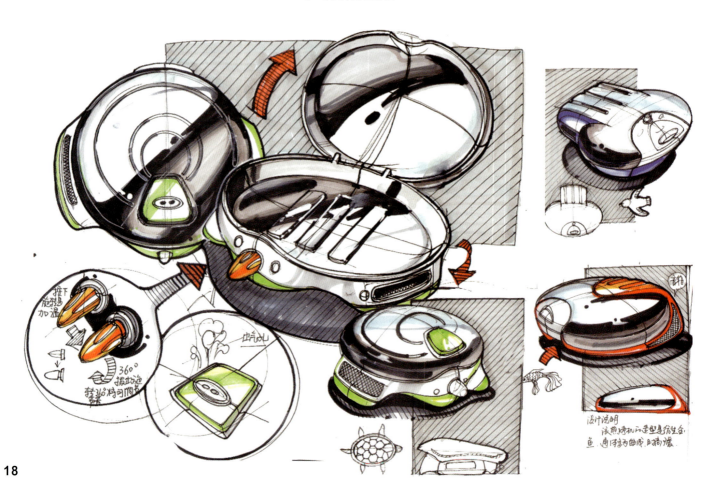

4.5 光滑材质

　　光滑材质是指一种经过了特殊处理后非常光滑却具有很强的反射能力的材质，其光泽度和质感都非常强，在产品中也被广泛运用，最典型的例子便是汽车的车身材质。由于光滑材质的反射度极高，所以在表现它的时候需要充分考虑到环境色对它的影响，以及材质本身光泽对比度的表现。和金属材质一样，我们在表现光滑材质的时候，可以进行一定的人为夸张处理。

　　在绘制光滑的反光材质时，一定要注意产品的整体明暗关系，不要沉浸于局部光影关系的刻画中，否则整个画面的明暗关系会很"花"且不统一。

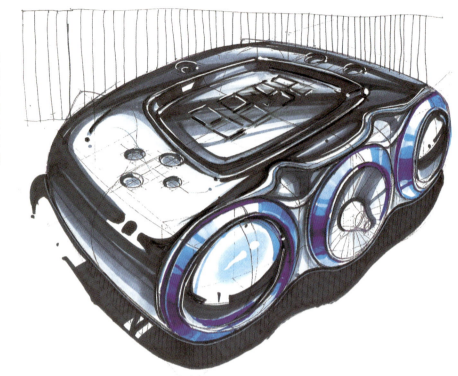

汽车外观手绘效果图
设计师：黄非凡

4.6 透明材质

透明材质相对来说是比较容易表达的一种材质。对于它的描绘，我们总结出以下几点注意事项：

A 能看见材质内部的结构和背后物体，但在表现时需要适当虚化和变形；

B 会出现很多复杂的高光，需要我们进行人为的取舍；

C 透明材质的投影是不均匀且变化强烈的；

D 本身存在一定的反射能力。

可见材质厚度
可见内部结构
不均匀的投影
众多高光和反光

曲面的透明材质产品一般都会出现比较强的折射功能，当我们透过它们观察它背后的场景和物体时，都会有很明显的扭曲变形情况。

为了降低绘图难度，一般建议大家在绘制透明材质的产品时，可在周边绘制较为简单的背景来进行衬托。

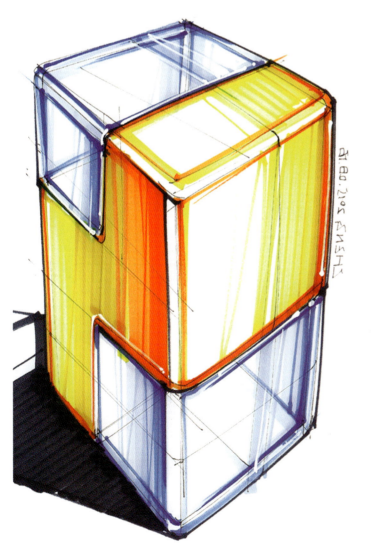

将透明产品内部可见的结构，用线稿进行适当的刻画，对整体效果的表达有着很大的帮助。

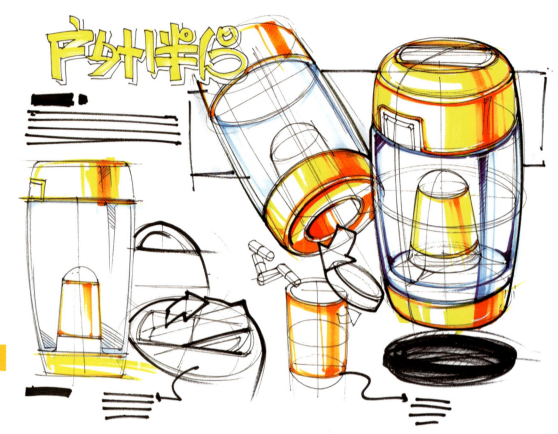

储药丸水杯手绘图

加湿器手绘效果图

4.7 哑光材质

哑光材质由于其表面颗粒较大，且吸光性较强，故在明暗关系上过渡非常均匀，没有过于强烈的高光，同时基本上不反射环境光，比如说橡胶、磨砂材质等。故我们在表现哑光材质时，不应过于夸张，应对画面的对比效果有一定的控制。

哑光材质产品手绘案例

色粉是非常适用于表现哑光材质的，因为它的绘图效果十分细腻，且过渡自然。同时我们也可以通过彩铅和马克笔结合使用，来刻画更为细腻的光影关系。

4.8 特殊材质的表达

　　木头以其自身的质朴、温厚的特性向人们传递出了一份天然的亲和力，故现今产品中对于木头材质的应用案例也越来越多，所以对于这种材质的表现，我们也应该有所掌握。在一般情况下来说，木质是属于哑光材质的一种，因此我们在刻画它的时候，不应在光影关系上做出过于夸张的处理。且对于木头纹路的表达，也一定要融于整体，不能过于突兀。

木头材质的绘制过程详解

第一步：绘制出木头的基本色调，由于其为哑光材质，故我们可以一次性铺满颜色，后期再进行明暗调整；

第二步：描绘出木质的基本纹路，关于木纹的描绘，我们无需表现得过于具象；

第三步：加强明暗对比，丰富木纹层次。后方木纹的描绘可以适当减弱，让其虚化，以保证画面的空间虚实关系。

沉淀人生

——老年人智能煮茶机设计

左图中的这样一组老年人泡茶机的设计草图，就充分体现出了木头材质与生活用品之间的结合。同时木质的运用，也在一定程度上体现了"养生""沉淀"等设计主题，并且从外观上也较为符合老年人用户的审美需求。

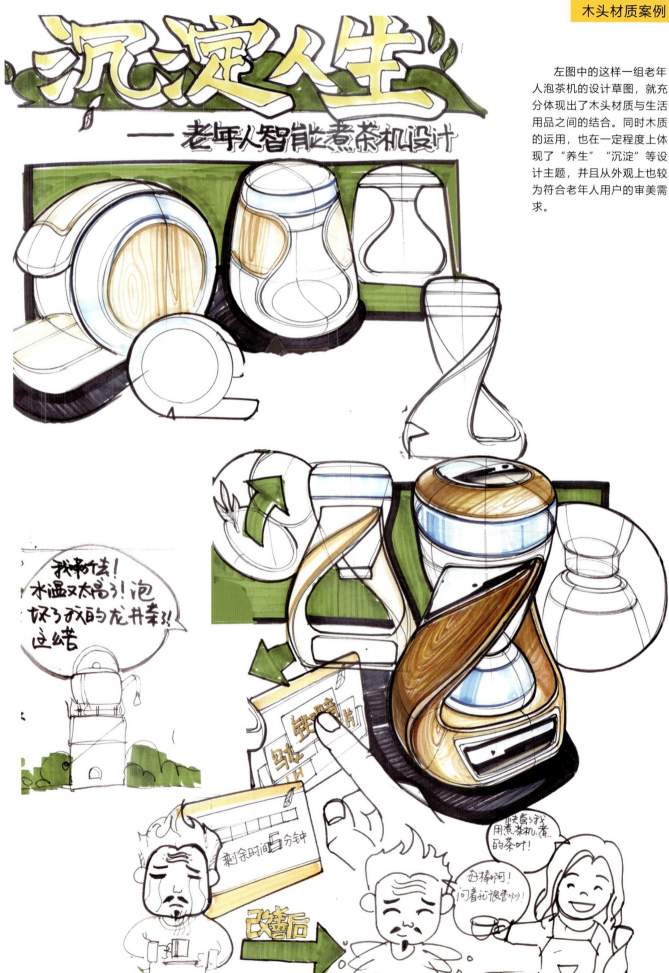

4.9 布类材质

在进行产品设计时，经常会接触到一些运用到布类材质的产品，比如说箱包、帐篷等等。若将布质与前面所提到的几大材质进行对比，其实它的表现难度是相对大一点的，因为我们不仅要表现出布的非常细腻的质感，而且还要体现出它柔软的特性，因此是很难表现的。所以在刻画布质产品时，我们需要去认真分析出它会以一种什么样起伏的形态呈现在我们面前，并用线稿稍作交代，然后再去进行明暗和色彩的表达。

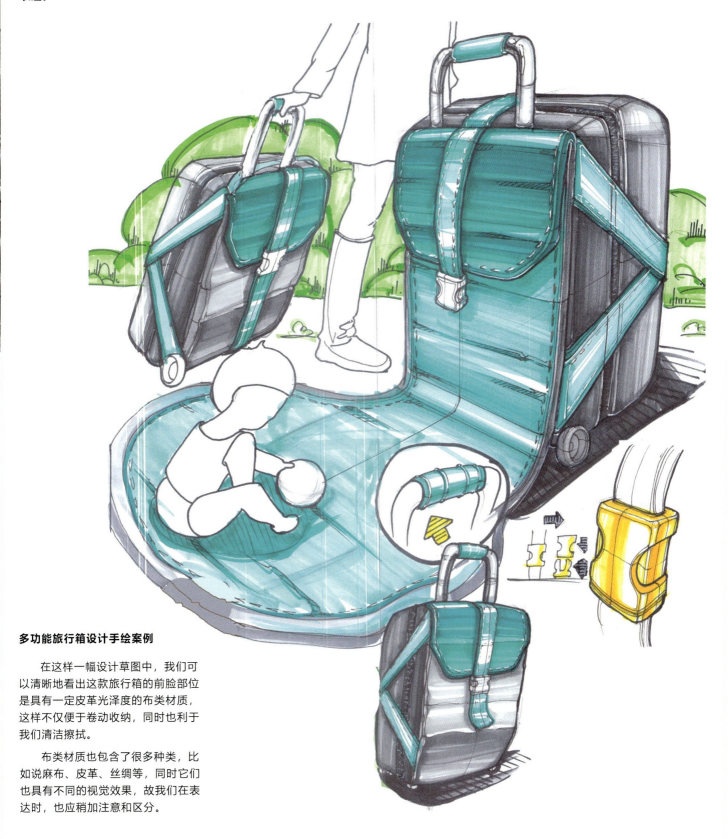

多功能旅行箱设计手绘案例

在这样一幅设计草图中，我们可以清晰地看出这款旅行箱的前脸部位是具有一定皮革光泽度的布类材质，这样不仅便于卷动收纳，同时也利于我们清洁擦拭。

布类材质也包含了很多种类，比如说麻布、皮革、丝绸等，同时它们也具有不同的视觉效果，故我们在表达时，也应稍加注意和区分。

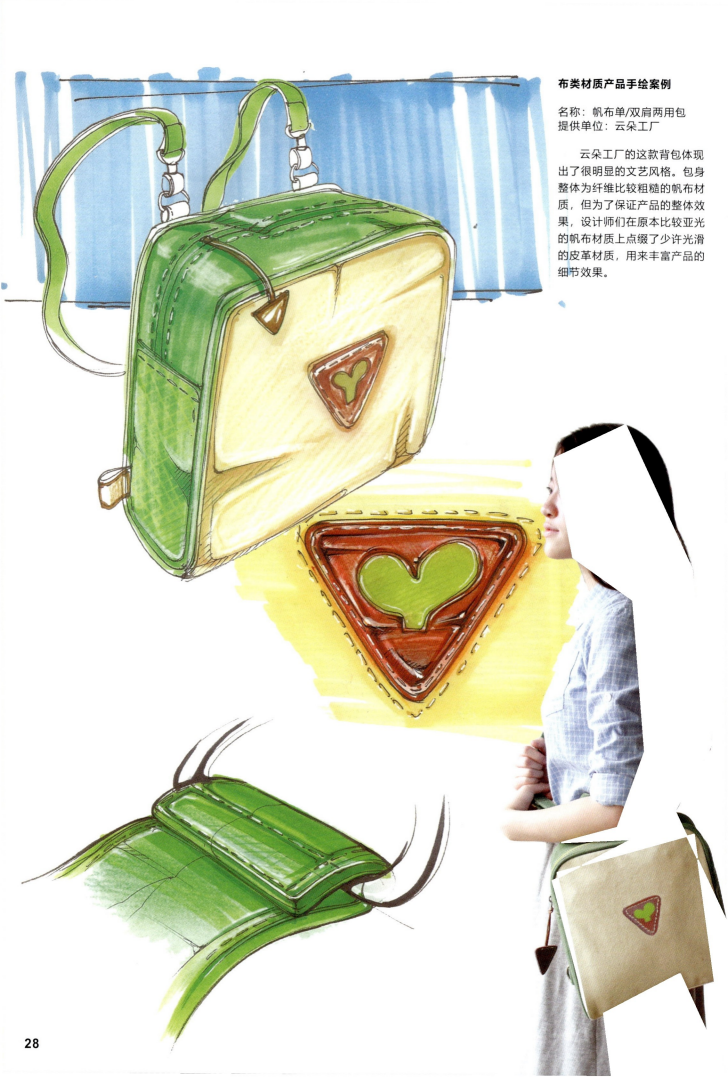

名称：帆布单/双肩两用包
提供单位：云朵工厂

　　云朵工厂的这款背包体现出了很明显的文艺风格。包身整体为纤维比较粗糙的帆布材质，但为了保证产品的整体效果，设计师们在原本比较亚光的帆布材质上点缀了少许光滑的皮革材质，用来丰富产品的细节效果。

4.10 网格材质

严格意义上来说，网格应该是一种产品肌理，而并非能够称之为一种材质，但是由于这种形态经常以各种形式出现在产品中，比如说滤网、散热孔、挡尘面等局部，所以在此我们将关于其的刻画技巧单独列为一小节的内容，以便于大家在刻画产品效果图时更为深入和精细。

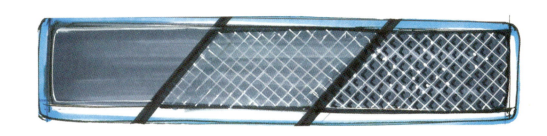

网格绘制过程详解

第一步：用深灰色马克笔将网格区域均匀铺满；

第二步：用较细的白色马克笔在底色上绘制出网格的图形纹样；

第三步：绘制出网格线在内部的投影，以增强其体积感，最后再选择性地点缀一些高光即可。

户外手提音响手绘效果图

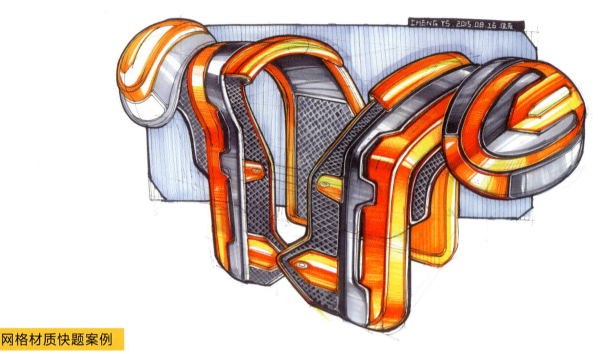

CHENG YS. 2015.08.16.佳辰

网格材质快题案例

你的背包

——专用羽毛球背包设计.

课题分析.

运动

运动、打篮球、打羽毛球、球筒、球包、球鞋、球拍...

关键词发散

专用羽毛球背包设计.

WHAT	专用羽毛球背包.
WHO	专业打羽毛球人士或爱好者
WHEN	出门打球需要背包时
WHRER	家里一趟趟一球馆
WHY	球馆球包上面没有备用孔。可将球拍插入背包内
HOW	有所需物品放入背包里
HOW MUCH	130-150RMB.
5W2H	产品定位

背包有防诚简、球拍、球筒 诚长甘都存放进 诚包里

新建方案.

1 希望被人拥有它。

2 有用它。

3 好用它。

设计说明.

造型 材质 色彩 功能

三视图

造型风暴

方案一

方案三

绘友学员提供

30

第三章 考研卷面 "8大模块"

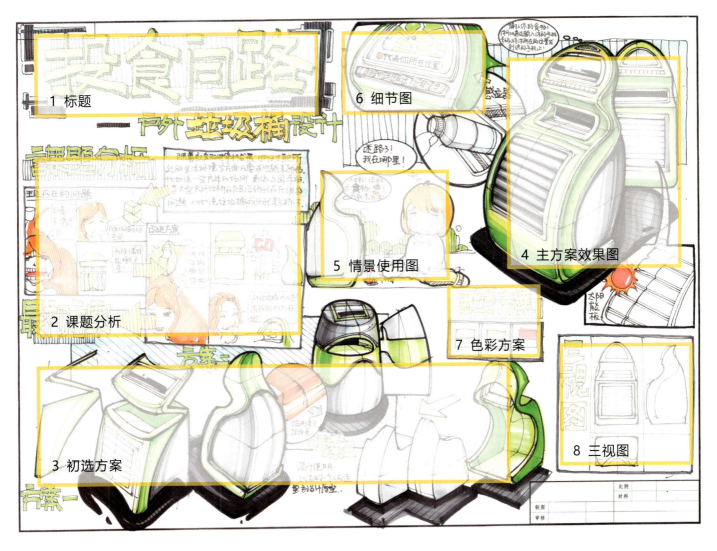

本章主要是对考研卷面进行一个系统并深入的分析，以便帮助大家对考研手绘有一个更深入的了解。很多小伙伴到临近考试的时候都未搞清楚最终卷面到底应该画成什么样，甚至很多人都以为考研手绘所要呈现出来的效果是和自己平时的手绘练习没有什么区别的，其实不然。因为这场考试不仅是要考量考生的手绘技能，而且更多地通过整个卷面所反映出的信息去评估该考生的综合设计素养。那他们到底是要具体考核考生的哪些方面呢？答案其实在第一章便已呈现给大家，主要是以下四个方面：

- 🧊 手上功夫是否过硬；
- 🧊 思维过程是否合理；
- 🧊 想法是否创新；
- 🧊 卷面是否"出众"。

由上更容易看出，考研手绘重视的并不是一个手绘结果，而更多的是一个设计过程。下面我们就从考研卷面内容入手，来分析一下卷面上应该出现哪些模块。参照上图，我们会看到整个卷面被分割成了以下八个模块：

- 🧊 标题；
- 🧊 课题分析；
- 🧊 初选方案；
- 🧊 主方案效果图；
- 🧊 情景使用图；
- 🧊 细节图；
- 🧊 色彩方案；
- 🧊 三视图。

不难发现，以上八个模块其实是一个连贯的结构关系，首先我们定一个主题，随即审题并进行设计定位，画出草方案，再从所有草方案中选出一个方案作为主方案，然后再通过情景使用图、细节图、三视图、色彩方案对其进行补充深入。当然这个卷面模块并不是一个唯一，它只是绘友的老师和学员经过多年的实战后总结出来的一种比较科学的卷面结构。读者们也可以将其进行创新改良。

第1节 标题该怎么画

1.1 标题的风格定位

大家在绘制标题的时候，记住它的风格定位一定要跟你所设计的产品风格保持一致。

比如说，如果你所设计的是儿童产品的话，那么这个时候你的标题字体就可以活泼可爱一点；若你的设计定位是概念性产品，那么标题风格便要酷炫一些。

切忌在画标题的时候"钻"进去了，因为它只是整体卷面的一小部分，不求其精美，只求其"够用"。

最后提醒大家绘制标题的时间一定要控制在5分钟以内。

第一步：用马克笔画出一道彩虹，最好厚。

第二步：用针管笔写出标题字体的轮廓。

第三步：用黑色马克笔将每个字体之间的间隙连接起来。为了加强对比，并使之更加沉稳，并用白色针管笔稍微做一些修饰。

立体标题

第一步：先用宋体写出标题字体的轮廓。

第二步：将标题填上符合快题主题的颜色，加上字体背景，并在字体右下方画出一个向外扩张三毫米左右的黑线，以用来给字体添加体积感。

第三步：添加一些和设计主题相关的装饰，增加标题细节，写出副标题。

1.2 标题的绘制方法

接下来我们再进行一个定向标题绘制练习。我们根据设计主题—— 儿童监护器设计，来绘制一款标题。

注意事项

1. 记住标题只是整体卷面的一部分，在刻画的时候切记别"钻"进去了，因考场上时间有限，我们对于标题的态度就是"不求多精美，只求不丢人"；

2. 绘制标题的时间不要超过5分钟；

3. 如果实在想不出标题的内容，那么可以参考以下几个模板："XX小精灵""XX伴侣""XX小助手""XX卫士"。

第一步：用浅色马克笔写出主标题，然后用深灰写出副标题。

第二步：用针管笔描出字体的轮廓，并将其刻画成立体效果，再根据主题绘制出背景。

第三步：用彩色马克笔填充出主题色系，记住主色调要与你的整体版面色调相统一。

第四步：添加一些符合主题的修饰物，比如卡通小人、背景以及饰物，让整体风格更为突出。

户外小搭档——户外拉杆音箱设计

精彩时刻——户外滑雪随身记录仪设计

趣味厨房——家用煎烤机设计

漫步清香——熏香加湿器设计

爱干净——手持吸尘器设计

"折"出好生活——可折叠座椅设计

HappyCoinPot——交互式儿童储蓄罐设计

暖暖暮光——床头台灯设计

蒸方便——老年人智能蒸煮器设计

沉淀人生——老年人智能煮茶机设计

毫不动摇你的美——电脑摄像头设计

——老年人提醒药盒设计

第2节 课题分析（思维导图）

2.1 关于审题

在考场上，我们需要做的第一个工作就是：审题。审好题，审准题，是我们通往成功的第一步。并且由于快题设计这一学科的试题比较特殊，所以大家需要更为认真地对待此项工作。下面我们来结合江南大学2013年考研试题进行一次讲解。

> 江南大学2013年专业设计试题
> 根据以下内容设计一款**洗衣机**。该洗衣机的使用对象是一个**年轻的三口之家**，该洗衣机需**便于清洗、干燥、晾衣**。请充分考虑到产品与使用者的**互动**。需绘制出**三视图**。

题目非常简短，在我们阅读题目的时候，可以如上图一样将题目中的一些硬性要求标出，以方便我们后期的设计定位。回到刚才的题目，我们可以得到以下几个信息：

- 需要我们设计的产品是洗衣机。
- 该洗衣机的使用对象是一个年轻的三口之家的成员，这个时候我们需要注意一下"年轻"和"三口之家"这两个词，并需要深度分析这两个词可以传递给我们的讯息。首先，可以得出家中的男女主人大概都是30岁左右的年轻男女，且大概有一个年纪5岁左右的儿童。根据这一点，我们在进行方案构思的时候得充分地考虑到产品的安全性，也就是从外观结构上分析是否会对儿童造成安全威胁。同时由于男女主人较为年轻，因此可以推断出他们的生活压力可能也是比较大的，所以我们要充分考虑到该洗衣机的成本。
- 题目中提到的需便于清洗、干燥、晾衣，这便要求我们在产品的结构方面做一些改变。
- 当题目中出现"互动"两个字时，我们就得充分考虑到产品和使用者之间的关系，特别是使用者在操作产品时的心理感受。关于这个问题我们可以想像这样一个场景：一对年轻的夫妻在经过一天的忙碌之后，回家还得洗一大堆脏衣服，此时他们对这些劳作是很抵触的。因此我们可以增强在洗衣过程中的娱乐性，也就是通过对产品的创新将洗衣这个活动变成有趣的事情，以增强使用者的操作兴趣，从而达到产品与使用者之间的心理互动。
- 最后一个硬性要求便是必须绘制出三视图。

根据刚才的内容我们可以总结出以下两点：首先，审题必须仔细，不能漏掉任何一个可以获取信息的点；其次，要将提取出来的关键词进行延伸，以获取更多的信息，以便于我们后期的方案构思。分析到这里我们可以将目光转移到下面这张作品上，这张画是2013年绘友学员在此场考试中的答卷，并获得了140分的高分。

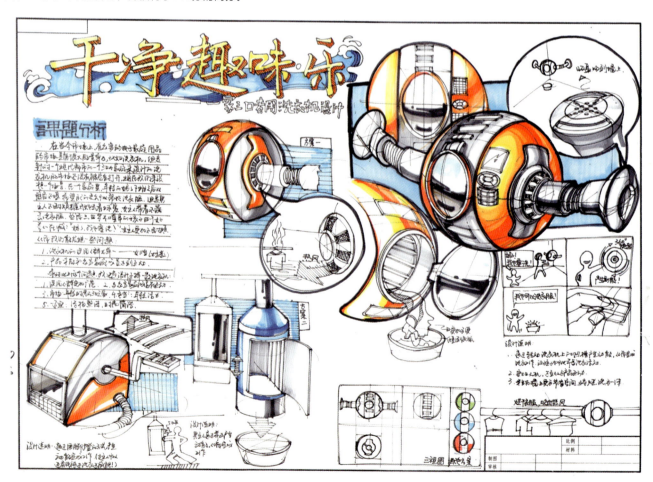

2.2 设计思维发散

在我们的审题工作完成之后，便要开始搭建设计思路的框架了。由于很多题目并没有给我们一个明确的主题，此时，为了快速地明确一个设计的风格和方向，我们需要确定一个设计 "关键词"。然后对其进行发散深入，并慢慢延伸出我们的设计理念。（可参考下图）

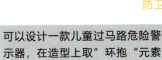

可以设计一款儿童过马路危险警示器，在造型上取 "环抱" 元素

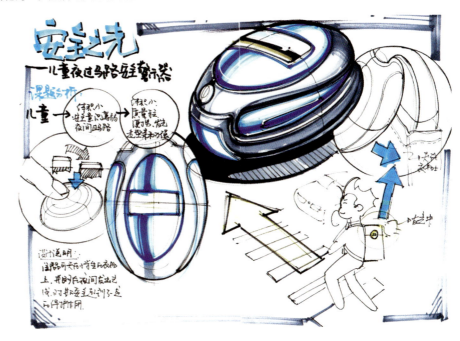

2.3 产品定位

当我们确定了设计什么产品之后，就要对其进行设计定位。随着卷面的不断深入，大量的信息和问题就会随之而来，因此我们必须弄清楚要解决的问题到底是什么。这要求我们借助系统的设计方法和通过日常积累的信息，以客观的分析结果为依据，使之成为设计方案的导向。可是在考场上的我们没有充足的时间和条件去进行规范和系统的调研，故绘友一直推荐广大小伙伴用较为高效的5W2H法进行定位。

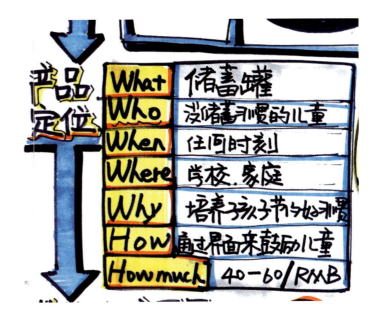

🔸 WHAT：具体产品的领域确定，并对其主要功能、造型色彩等一些主要方面进行介绍；

🔸 WHY：介绍该方案的设计动机，也就是分析为什么要设计这样一个方案；

🔸 WHO：目标人群的定位，并分析其群体的心理特点和审美角度；

🔸 WHEN：主要使用时段确定；

🔸 WHERE：使用场所介绍，分析该环境的条件限制，以便于深化优化产品。

🔸 HOW：操作方式、使用流程的介绍；

🔸 HOW MUCH：销售价格和销售方式初步定位。

在产品设计过程中，除了设计定位之外，应该还有设计目标确定、设计评估等环节，但是由于时间有限，并且为了防止 "言多必失" 的场景出现，所以我们点到为止便好。

2.4 各类产品造型风暴范例

在搭建完设计思路的框架和明确好设计目标后，我们便可以开展关于产品的具体设计工作，比如说最重要的造型。然而大家都知道一个优秀成熟的产品造型并非是一蹴而就的，需要我们通过很多次的发散、筛选最终慢慢确定出来的。因此我们在卷面中也需要绘制出一定量的产品风暴草图，它不仅可以利于我们梳理自己的设计思路，也可以帮助阅卷老师快速获取我们的设计流程。

概念水陆两用车前期造型风暴图

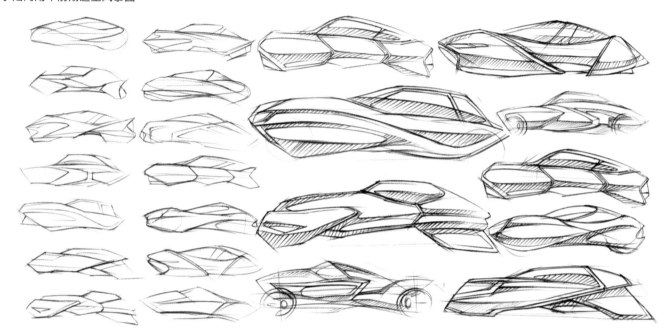

插座前期造型风暴图

摄像头造型风暴草图

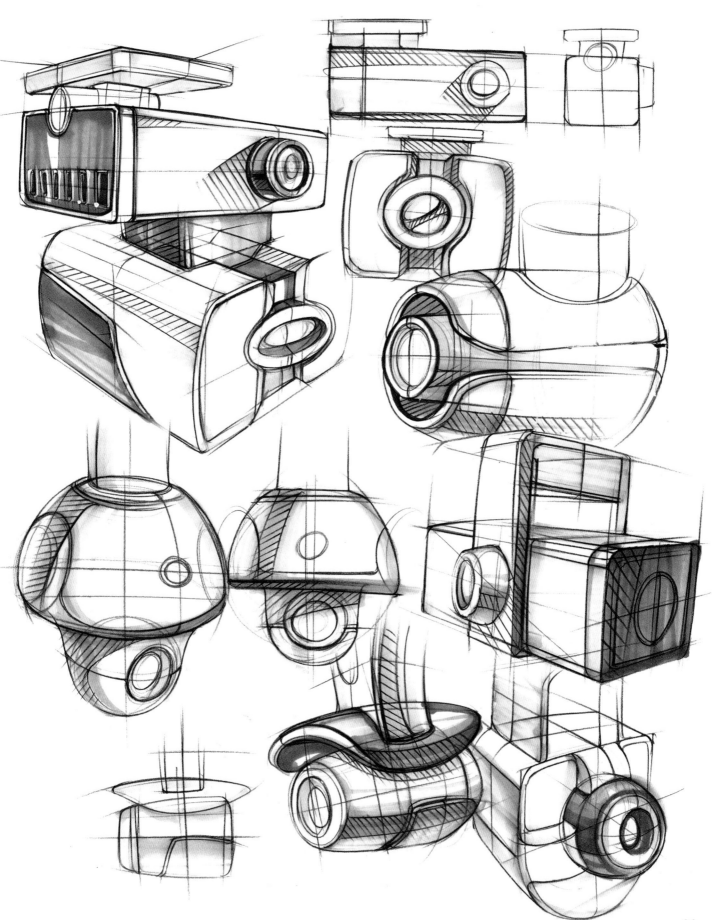

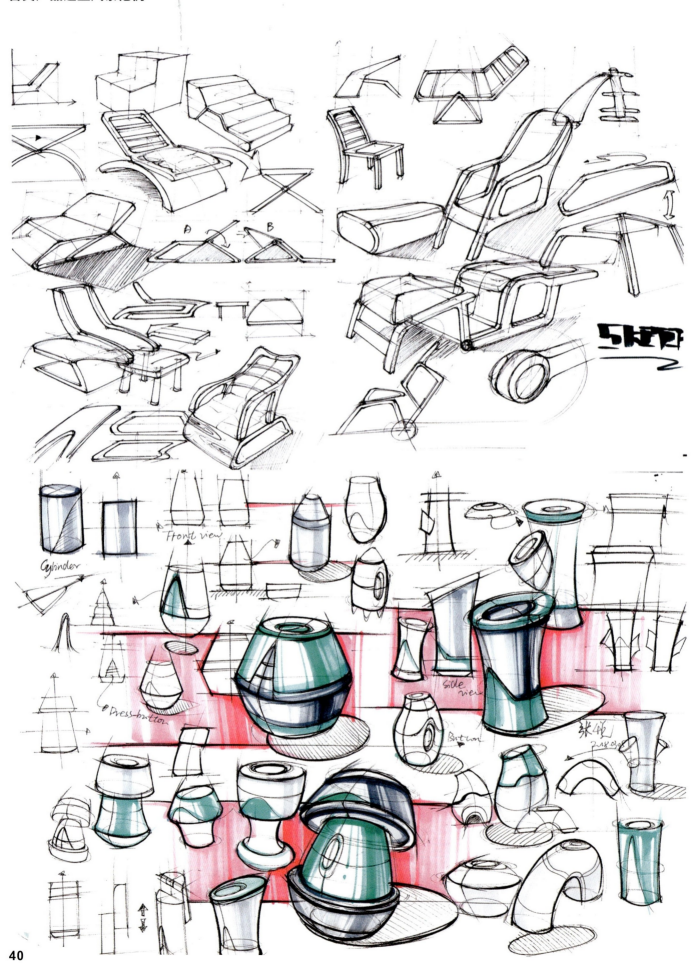

2.5 完整课题分析绘制案例

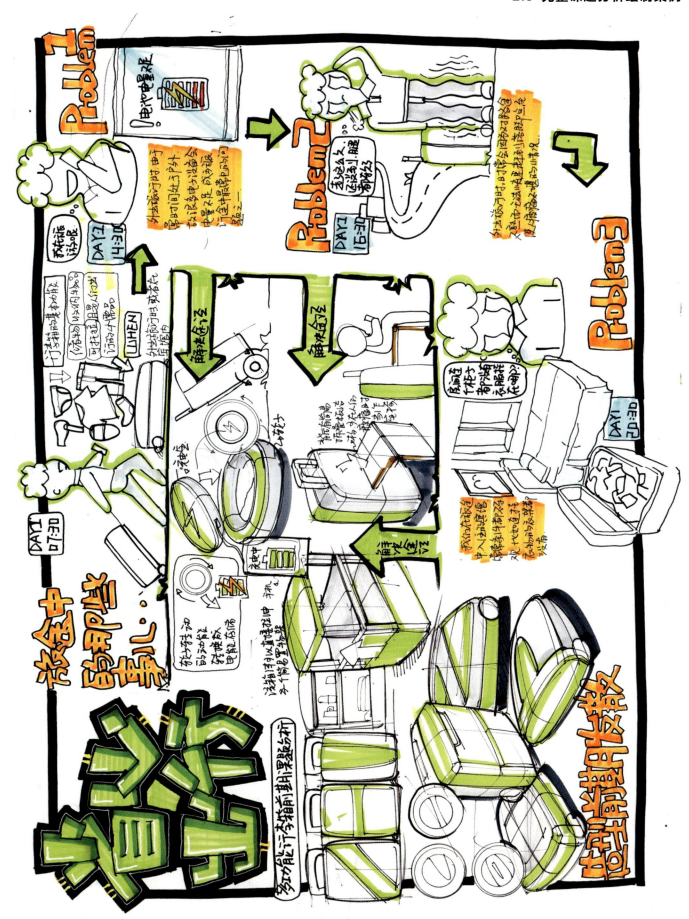

設計流程
（课题分析）

一、关键词确定

二、元素头脑风暴

三、产品领域

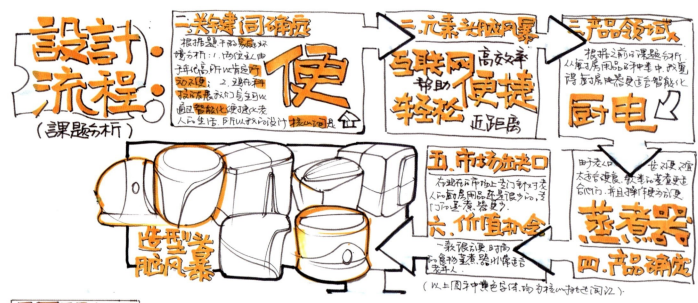

造型头脑风暴

五、市场切入口

六、价值机会

厨电

蒸煮器

四、产品确定

（以上图中黄色字体均为核心关键词）

課題分析

课题分析
——大型拉杆式吸尘器

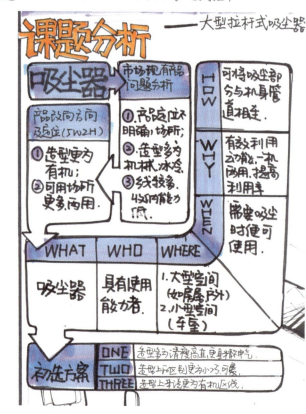

課題分析

課題分析

第3节 初选方案的刻画

在考试中，大部分的试题都会要求我们根据题目设计出3个以上的设计方案，然后再根据其中一个进行深入，初选方案作为设计流程中必不可少的一部分，它起到一个承上启下的重要作用，因此我们在绘制它的时候还是存在很多注意事项的。

3.1 初选方案的统一性

在我们阅读题干的时候，一般都会看到这样一句话："请绘制出3至4个方案并选出其中一个进行深入刻画。"

仔细揣摩上面这句话，便会发现它在无形之中传递给我们一个讯息——所有的初选方案必须是有所关联的，并且创意点要统一。因为在构思初选方案的前一步工作是课题分析（设计定位）的确定，那么在这个时候我们已经有一个明确的设计思路，顺理成章接下来的所有卷面工作都必须是遵循着之前的设计思路来进行。因此，我们需要充分考虑到初选方案与整个设计流程的关联性以及众多方案的整体性。

举一个例子，如果你之前的造型定位是仿生动物形态，那么你所有的初选方案都必须是由动物造型演变过来的；如果你的创意点是功能整合，那么你的初选方案应该都具备多功能的特色。

在这里我们得强调一个注意事项，初选方案是处于课题分析和主方案两大模块中间的一块非常重要的内容，而并非为了撑满整个版面所做的"凑数"工作。

3.2 初选方案该画到什么程度

仿生系列公共充电桩初选方案草图

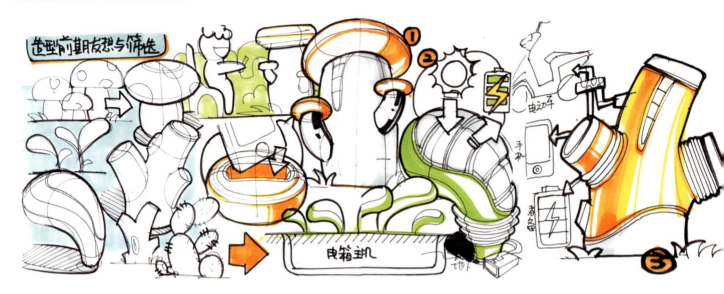

　　上一节的内容中，我们对初选方案在卷面中所占的位置和作用做出了一个比较概括性的介绍，但是关于其具体应该刻画成一个什么样的程度，也是需要我们去考虑的。接下来绘从两个方面来对这个问题进行了较为合理的回答。

功能方面：

1．能充分体现出课题分析中的创意点；

2．和主方案有着明显从属关系；

3．总的来说，在整个卷面中有着承上启下的作用。

刻画方面：

1．表现出造型特色，线稿不用过分刻画细致；

2．上色层次不用太丰富，用一两个色号表现出产品色相便好；

3．尽量有两个视角或者一个视角带一个细节图。

智能扫描检测仪初选方案草图

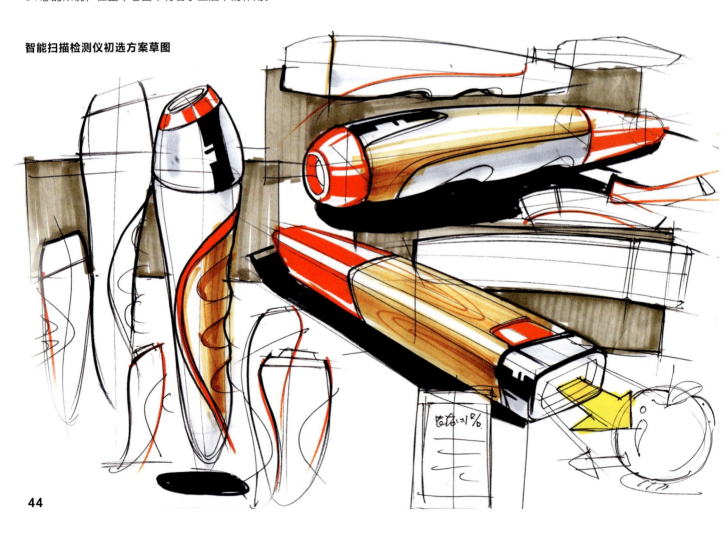

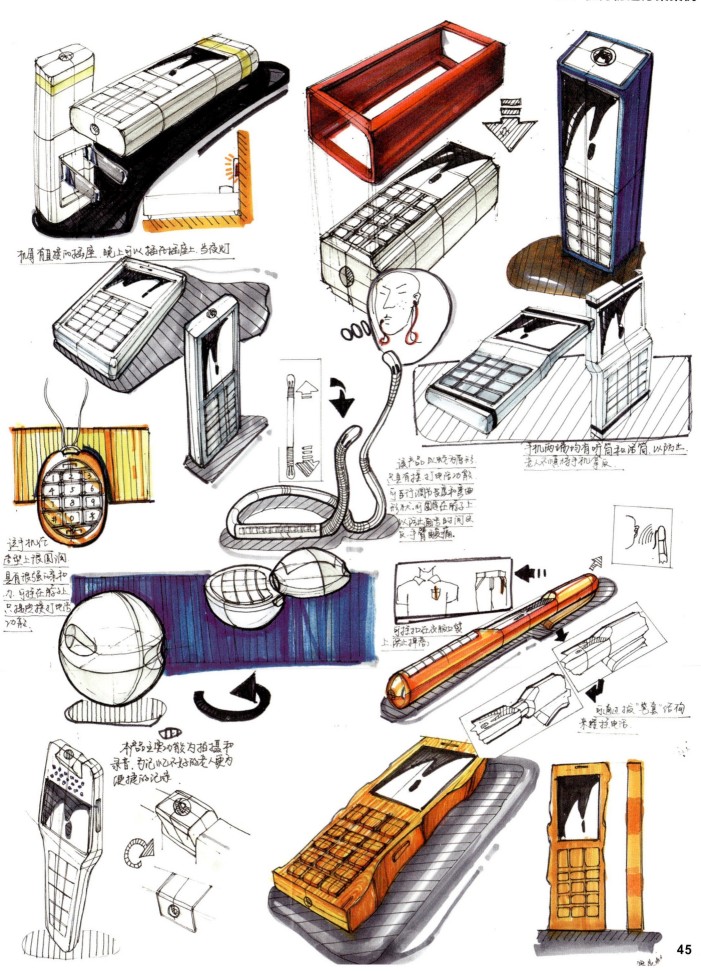

机身有缝的插座，晚上可以插在插座上，当夜灯

该产品以长为圆形，只具有接打电话功能，可自行调节长度和弯曲形状，可围绕在脖子上以防止阅读时间过长，手臂酸痛。

手机两端均有听筒和话筒，以防止老人不慎拿错手机拿反。

这手机造型上很圆润，具有很强的亲和力，可挂在脖子上，只摇晃接打电话功能。

本品主要功能为拍摄和录音，可记忆小记录让老人更为便捷的记录。

可挂扣在衣服口袋上，防止掉落

可通过拔"笔套"结构来接挂电话

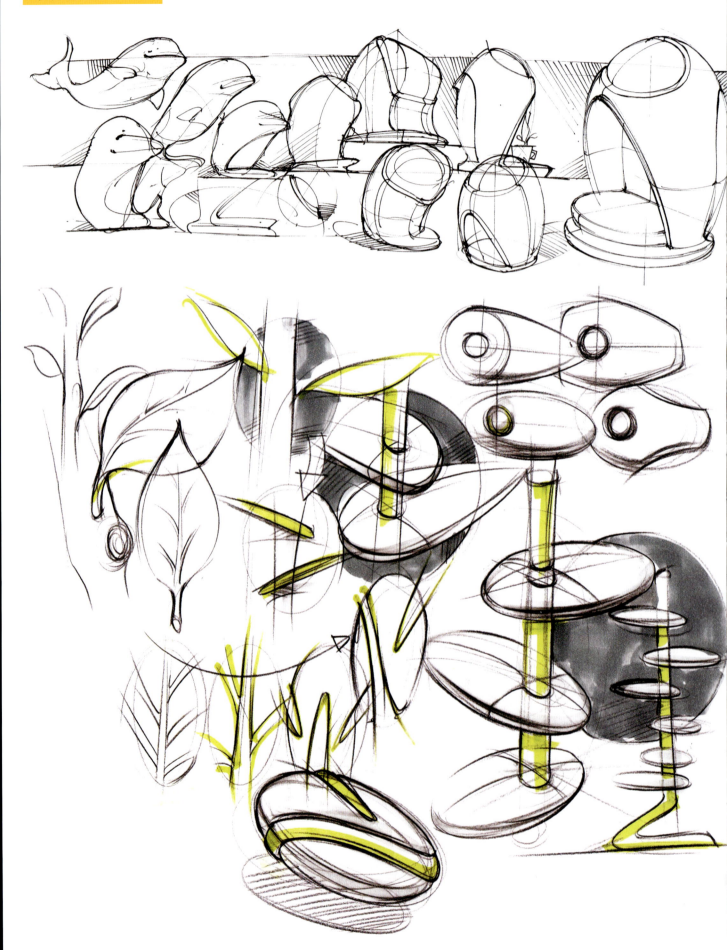

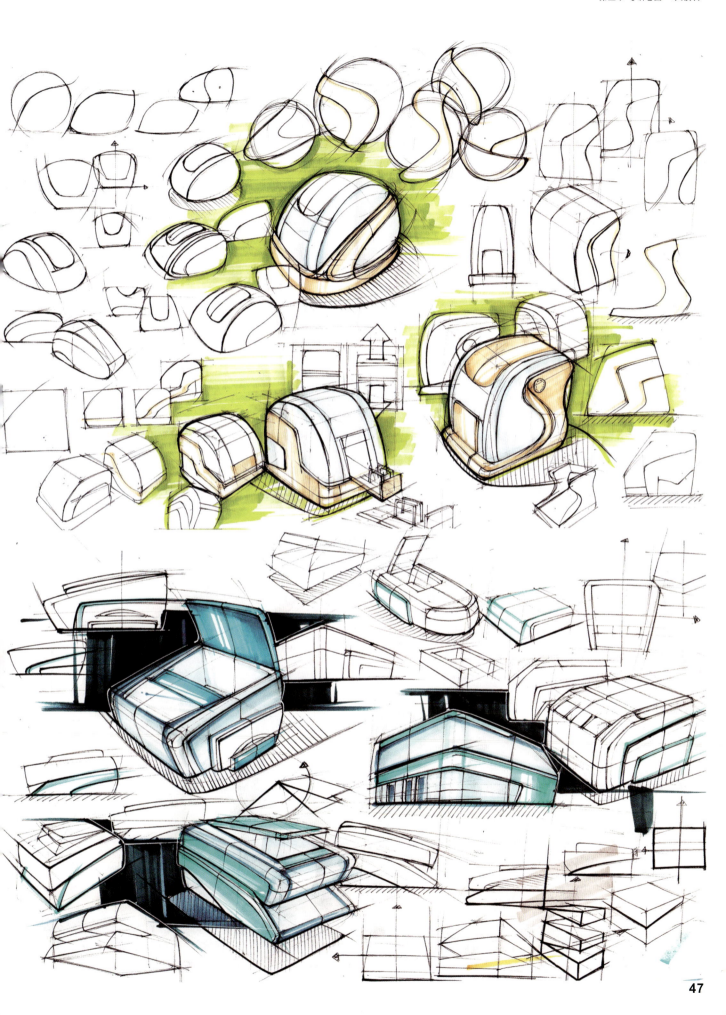

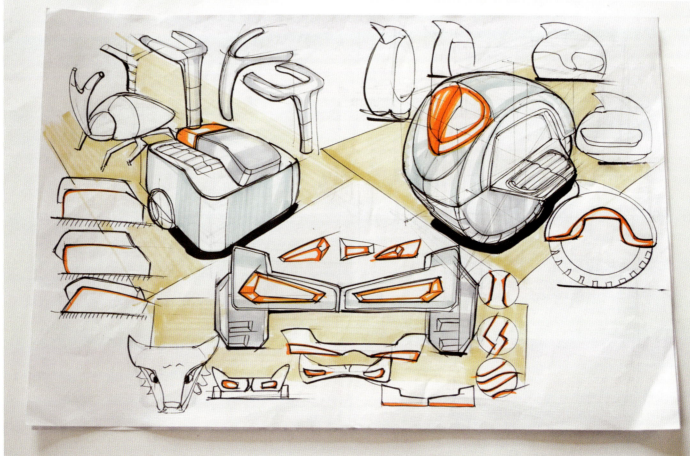

48

第4节 主方案的刻画

主方案的刻画无疑是"8大模块"中的重中之重。

首先它在整个卷面结构中有着"王者"般的地位，因为之前的课题分析和初选方案等模块是给它做铺垫，后期的细节图、情景使用图等模块也都是对它的修饰和补充，从这两点来说就足以让其成为整个卷面的核心。

其次，在绘制时间上来看，主方案的刻画也是多于其他模块的，无论是绘制线稿还是色稿，它都必须是整个版面中刻画得最精细全面的。

最后有一点，会让我们最直观地感受到主方案的重要性，那就是它在整个卷面上所占的将近二分之一的面积。

之所以主方案这么重要，其实都是由其卷面所占分值决定的，因为阅卷老师评卷时，他们第一眼就会审视你的主方案，然后才会结合其他模块进行整体考量。

下面让我们结合本章内容，从各方面来对主方案这个模块进行深入且全面的认识。

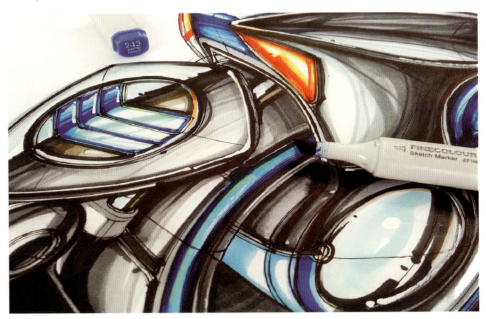

4.1 主方案的刻画程度

1．主效果图必须有两个视角的刻画。首先，若主方案只有一个视角，必然会漏掉产品某些角度的信息，比如你只刻画了一个正面角度的产品，那么背面的信息便被忽略了；其次一个视角的话，在整个画面上会略显单薄，并会有一点突兀。

本节的内容主要是对主方案应该刻画到什么程度进行一个总结，以便于大家在考试的时候做到"心中有数"。总的来说，主方案的刻画应该是越完善越好，我们应该将其造型元素、结构创新、设计理念尽量都用图画的方式表达出来，并且保证一定的可读性。以下为绘友根据多年经验制定的一个自己的主方案刻画标准。

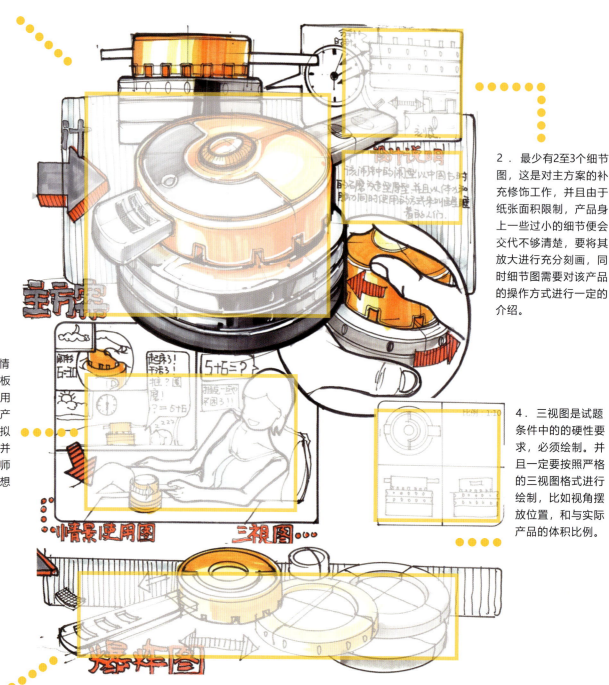

2．最少有2至3个细节图，这是对主方案的补充修饰工作，并且由于纸张面积限制，产品身上一些过小的细节便会交代不够清楚，要将其放大进行充分刻画，同时细节图需要对该产品的操作方式进行一定的介绍。

3．最好有一个情景使用图（故事板），因为情景使用图可以快速地将产品带入到一个模拟的操作环境中，并且可以让阅卷老师轻松地获取到你想表达的信息。

4．三视图是试题条件中的的硬性要求，必须绘制。并且一定要按照严格的三视图格式进行绘制，比如视角摆放位置，和与实际产品的体积比例。

5．在时间条件允许的情况下，我们可以绘制出产品的爆炸图，因为爆炸图在一定程度上可以凸显出你的手绘基本功和对结构的理解程度。若你设计的产品是非常信息集中化的电子产品，我们也可以绘制交互界面图来代替爆炸图。

若单纯从刻画方面来说的话，主方案的效果图必须达到以下几点要求：

1．首先形体不能出现不符合透视原理的低级错误；

2．线稿充分、耐看、结实、体积感强，并且虚实有度；

3．色彩层次丰富，材质表现到位；

4．主方案所传达出来的卷面信息必须全面细致，可读性强。

4.2 主方案的最佳视角

产品的视角也是手绘效果图的重要组成部分，一个富有表现力的视角可以在很大程度上优化产品的造型语言，并对卷面的效果产生很大的影响，所以在考场上提笔之前一定要谨慎地选出最佳视角，让它帮助你在考试中取得更可观的分数。

注意事项一

选择视角时尽量不要出现上图两种情况：

1. 太接近视平线，会导致产品顶面过分压缩；

2. 太接近灭点，会导致产品左/右侧立面过于压缩；

故以上两种情况都会大大减小表现产品的空间。

大家可以参考左图的产品视角。这是一个让人感觉最舒服的视角，我们把它称之为 "大众视角"，并且非常利于表现产品的造型和体积感，使最终效果更为饱满。

注意事项二

不要将一个视角水平翻转后重复刻画，因为这样不仅没有表达出全新的信息，更是浪费了考试时间，除非两个视角有不同产品信息可以传递，否则没有任何意义。

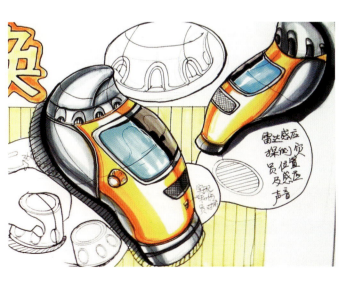

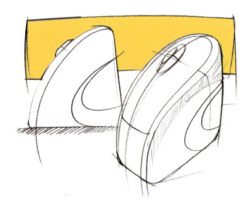

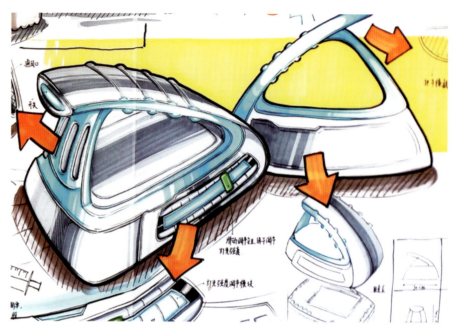

前后45度俯视+正侧图/正视图

前方45度俯视是让人觉得非常舒服的一个视角，并且容易被掌握。

正视图更利于表达产品的轮廓线条和造型语言，且绘制难度较低，在考场上更为节省时间。

前方近45度+后方近45度

这样的两个视角是表达产品最为稳妥和全面的搭配，它可以帮助阅卷老师360度地去观察你设计的产品造型。但是这样一个视角搭配同时也会要求作者的空间想象能力较强，否则会出现较为明显的形体错误。

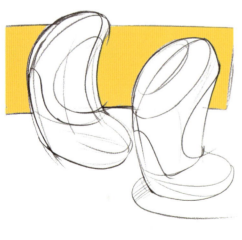

推荐视角

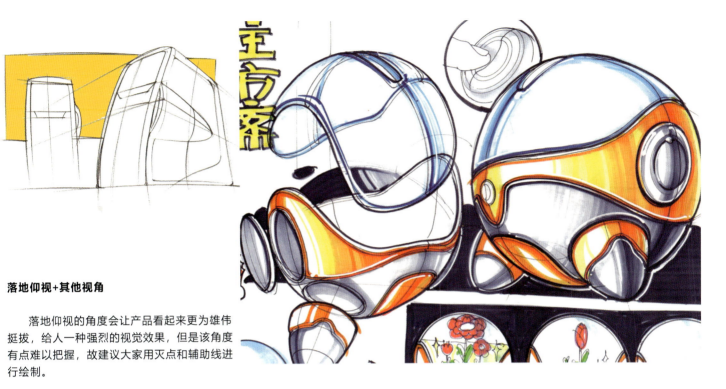

落地仰视+其他视角

　　落地仰视的角度会让产品看起来更为雄伟挺拔，给人一种强烈的视觉效果，但是该角度有点难以把握，故建议大家用灭点和辅助线进行绘制。

产品悬空视角+任意角度

　　将产品悬空刻画，主要是通过投影的位置来表达的，它的优点是可以让整个卷面看起来不会显得死板且更为灵动活泼，并增强了视觉冲击力，是一个非常好的选择。

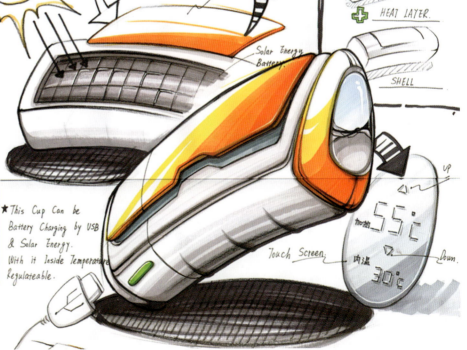

产品使用状态+其他视角

　　在刻画产品时，若能表达出产品工作时的状态，将会给整个画面效果大大增色，因为这样一个视角不仅传递出了产品的造型语言还表达出了它的操作方式。

　　但由于其复杂性，建议小伙伴们在刻画之前一定要仔细揣摩，以防出现较为明显的错误。

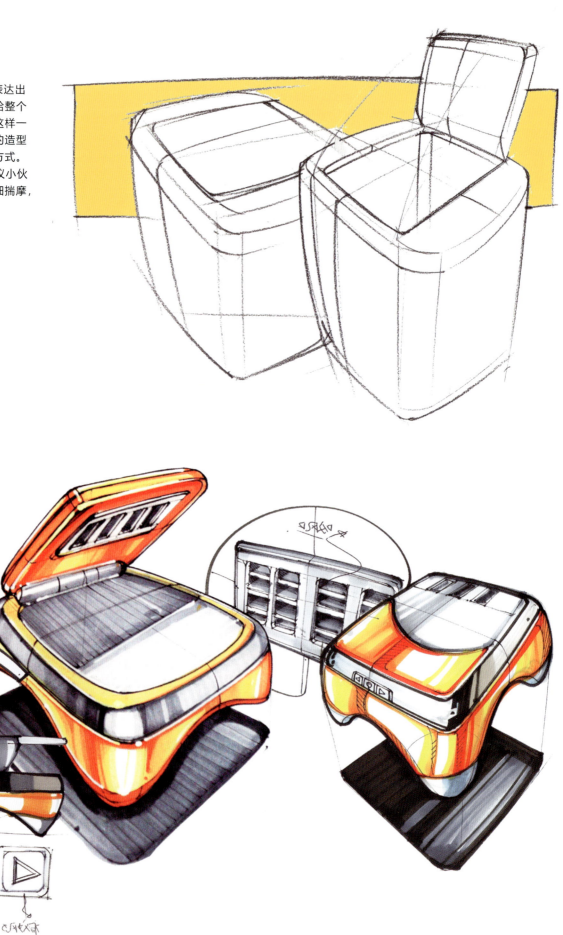

4.3 主方案的快速表达

凡事都得经过一个"接触——认识——了解——掌握——探索"的过程。手绘也是一样，它也需要我们不断地去深入刻画。但在初期，我们需要掌握的并不是将一个产品刻画得如何细致，而是可以将其快速地表达出来，因为这样的练习可以保证我们画出的"量"，而绘画本身就是一个"熟能生巧"的活儿，所以我们可以通过"量"来慢慢找出适合自己的一种绘画思路，从而再用自己的方法去探索出如何将一个产品刻画得更加精细和到位。

这一节，我们就来学习如何掌握主方案快速表达法。大家若是可以快速地画出主方案，就可以在考试时间所剩不多的时候帮上大忙，因为它能保证你的卷面完整性而不至于失去太多分数。

下面我们来介绍几个关于主方案快速表达法的注意事项：

🔸 确保细节图、三视图等模块的"全部出现"；

🔸 不用刻画产品过多的细节，色彩可以用单色表达；

🔸 一定要保证最终画面达到一种丰富、全面的效果。

5分钟快速表达稿绘制过程（案例1）

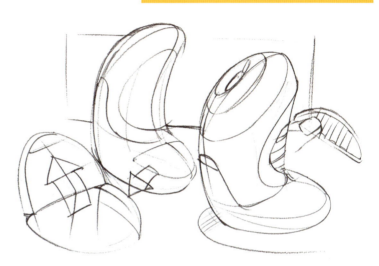

第一步：快速选好产品视角，勾勒出整体形态。

第二步：稍微深入产品主体线稿，并绘制出其他视角和细节图。

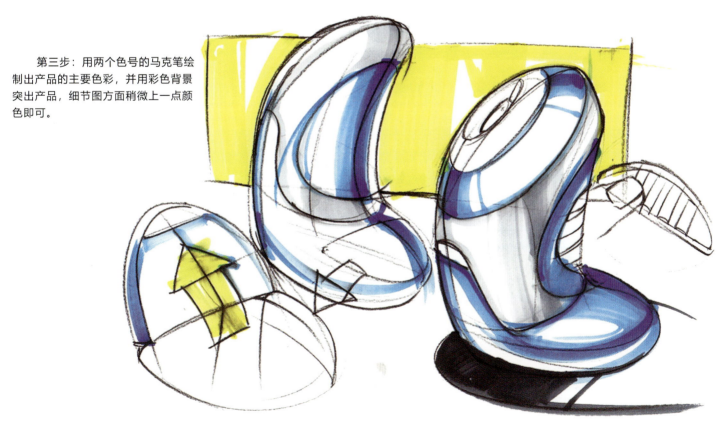

第三步：用两个色号的马克笔绘制出产品的主要色彩，并用彩色背景突出产品，细节图方面稍微上一点颜色即可。

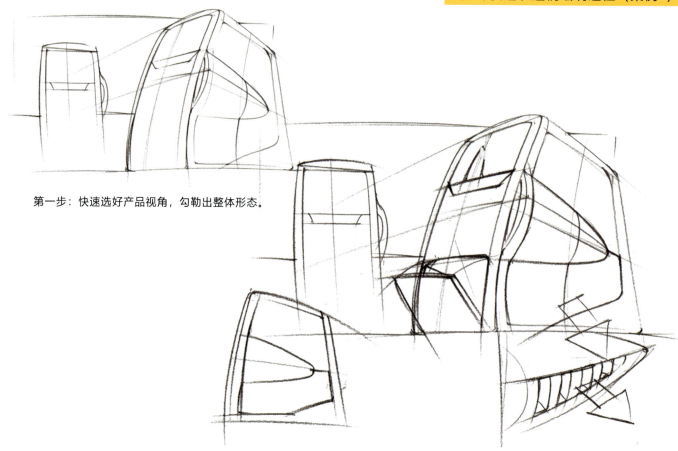

第一步：快速选好产品视角，勾勒出整体形态。

第二步：稍微深入产品主体线稿，并绘制出其他视角和细节图。

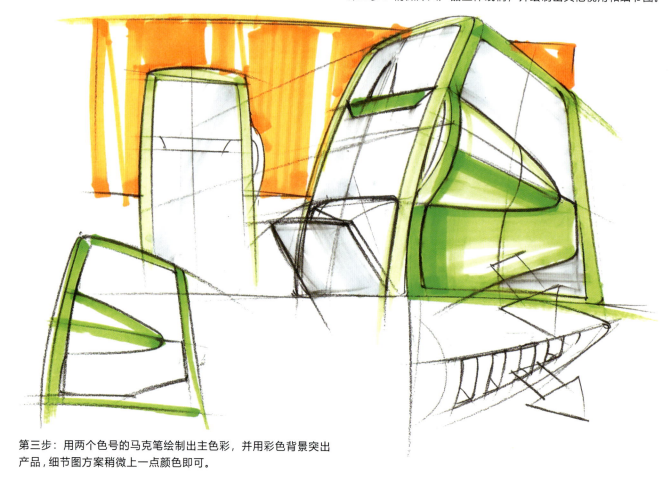

第三步：用两个色号的马克笔绘制出主色彩，并用彩色背景突出
产品，细节图方案稍微上一点颜色即可。

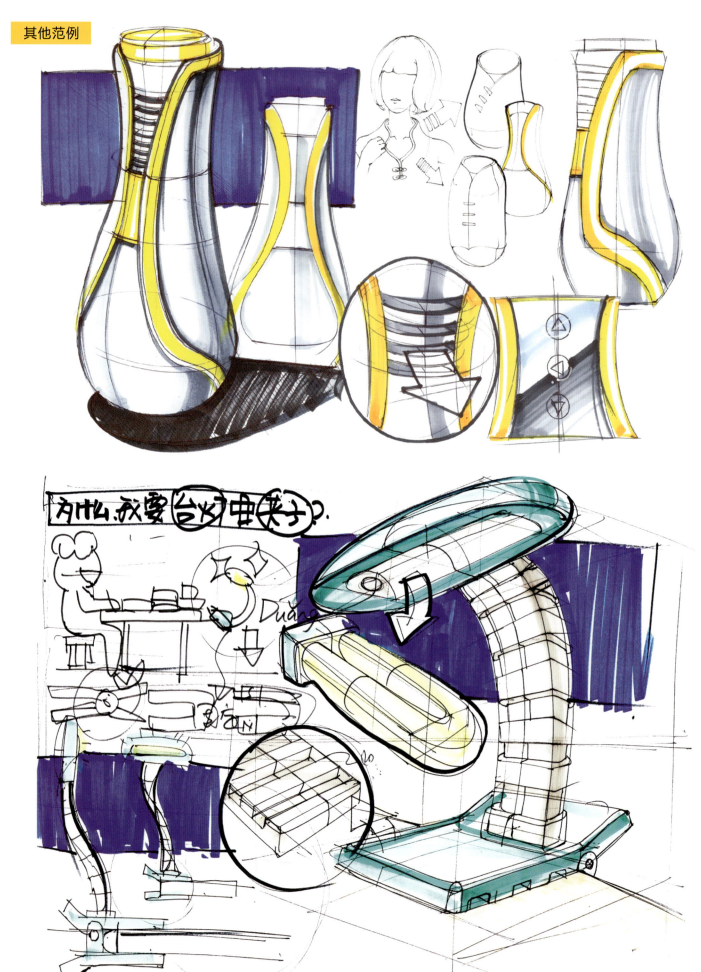

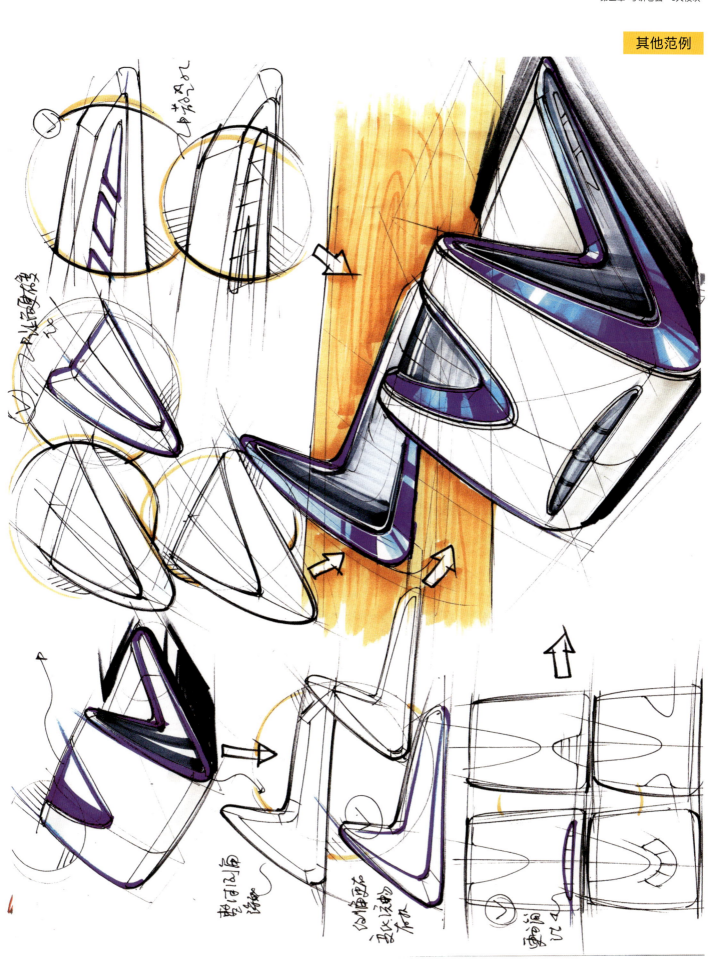

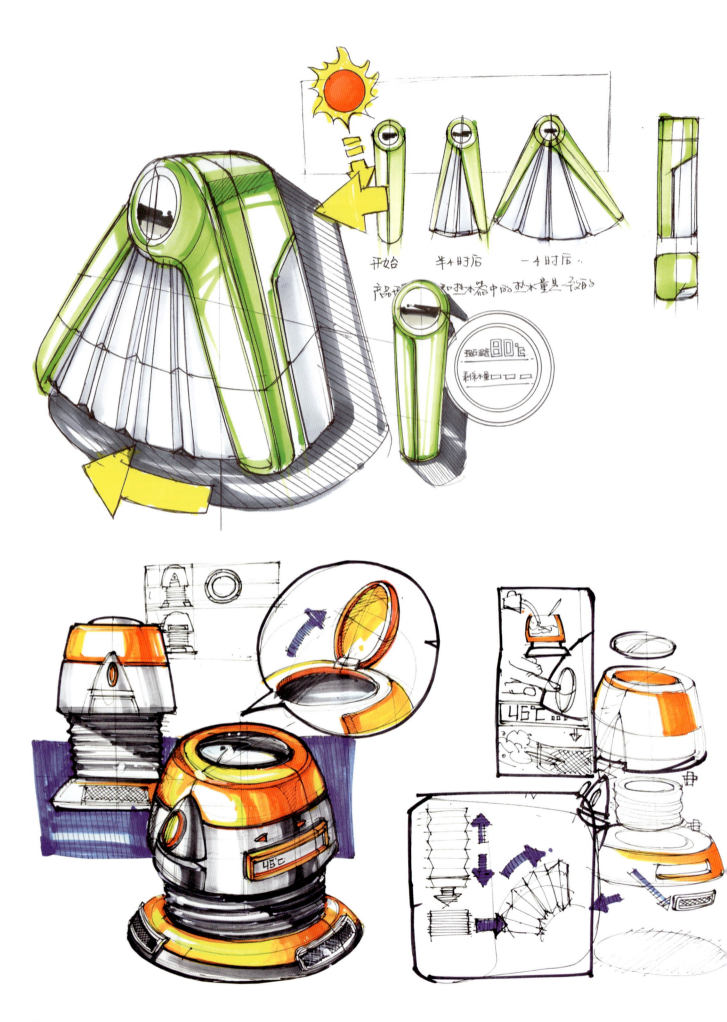

开始　　半小时后　　一小时后
产品壁和找水器中的热水量是一致的。

现在温度 80℃
剩水量 □□□

46℃

45℃

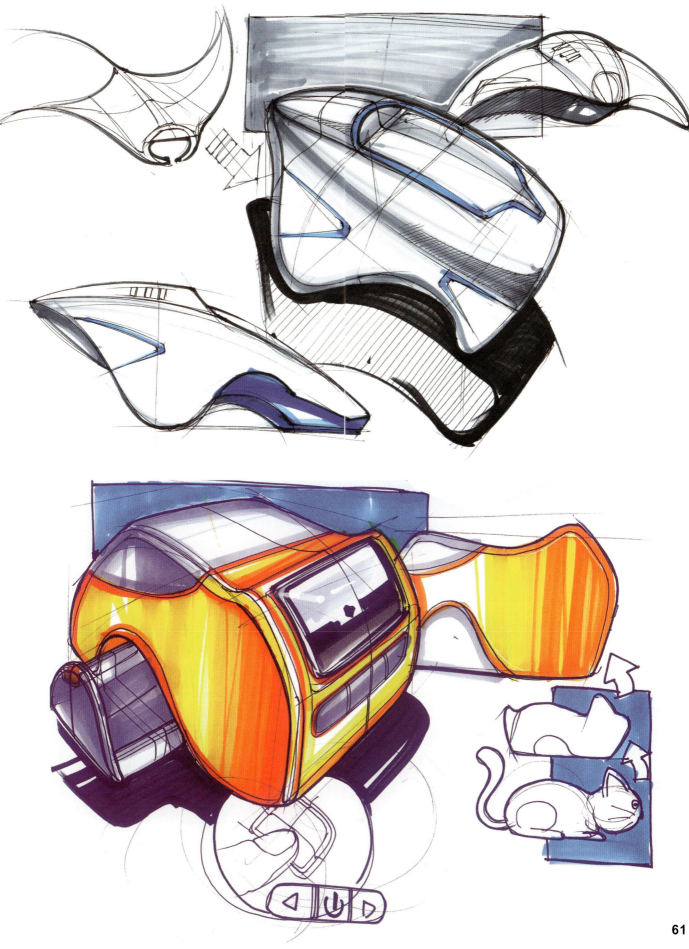

4.4 如何让主方案"更耐看"

　　我们在上一节的内容里进行了主方案的快速表达练习，但是该方法只是考场上时间紧缺情况下的一个对策，因为它虽然有主方案该有的一些基本元素，但都只是处于一种简略表达的层面，并不是非常的细致和到位，所以严格来说，它们并不是一个合格的主方案效果图。

　　故本节内容主要是介绍如何将产品深入刻画，让其看起来更为"耐看"。下面我们就来分析一下是哪些因素让产品看起来更为"耐看"并且为什么那么"耐看"的。

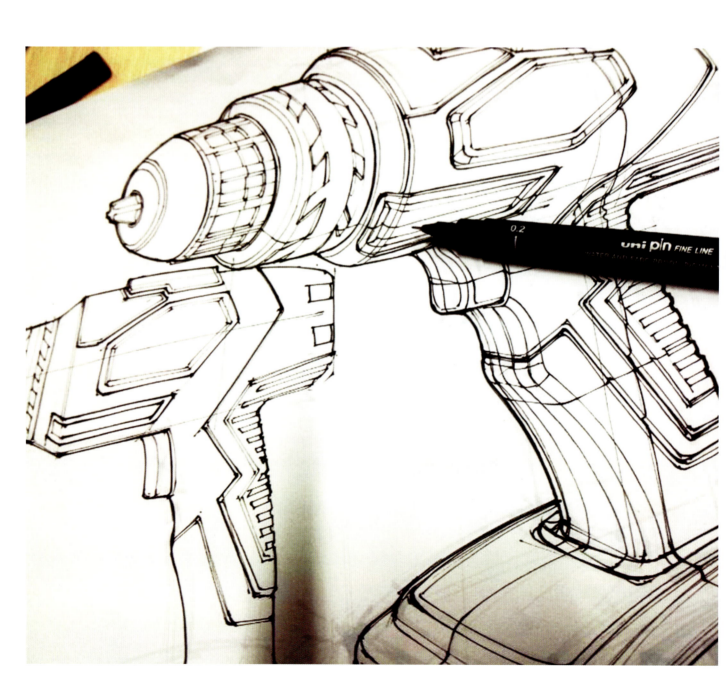

第一因素：倒角

关于"倒角"两个字，大家应该都不会陌生，因为在我们进行产品二维和三维表现时，基本上都会接触到它。下面我们就结合图片来分析一下"倒角"的重要程度。

我们可以根据右侧的两张相机手绘图，来进行一定的对比和分析。

关于右侧两张图，我们会明显地看出图二要比图一优秀很多。可是从透视形体来说两张图都没有什么错误，并且相当结实准确，线条也都干净利索。那么又是什么让它们产生如此大的差别呢？

没错，就是倒角。大家可以仔细地观察一下，图二比图一除了多了一个活动圈部件以外，其他结构基本全部相同，但是由于图二的作者将所有的转折全部画出了圆角，所以整个产品立马就被刻画成了一个成熟耐看的产品，而图一由于过于锋利的直角的影响，看起来就像是刚被机床加工出来的零件一样生硬。

我们也可以通过下面两张被放大的局部效果图来进行比较，你会发现差别立马就显现出来了。

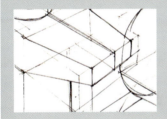
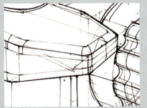

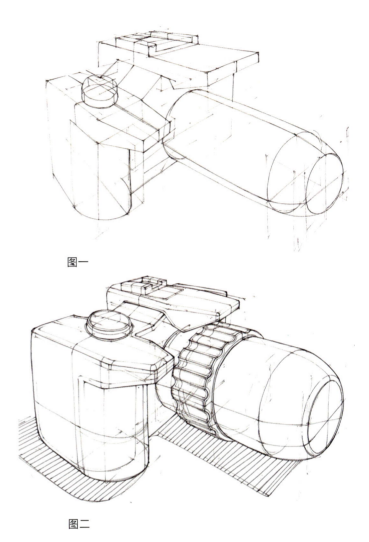

图一

图二

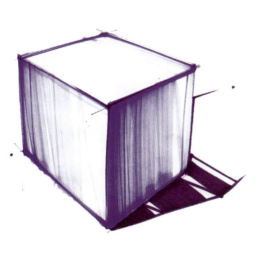

我们还可以通过左侧两张图来看一下倒角对产品上色的影响。可以明显地看出，图二的边沿转折处的色彩层次明显要比图一的更为丰富。

产品在加工生产时，很多情况下不能一次成型，需要通过多块磨具拼接组合，那么必然会出现各模块之间的缝隙，也就是"分模缝"。其实在刻画产品时，分模缝也可以让整个画面增色不少，然而很多小伙伴在刻画产品时只会用一条线将分模缝一笔带过，于是就出现了下面的画面效果。

你可能会在看过上图之后说："我觉得还不错呀!"如果你真的这么觉得，那么你可以将其与右侧的手绘图进行对比。

现在，我相信你已经强烈地感觉到了分模缝是多么重要了，那么接下来的内容就是帮助我们去了解分模缝到底是什么样子的。

我们可以通过下面两张局部放大图发现一个事实，分模缝其实是由两块均有倒角的体连接后产生的一条细小的"沟壑"，所以我们在刻画它的时候不仅不能把它画成一条线，并且还要充分表现出它的体积感。

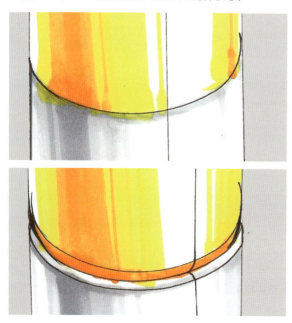

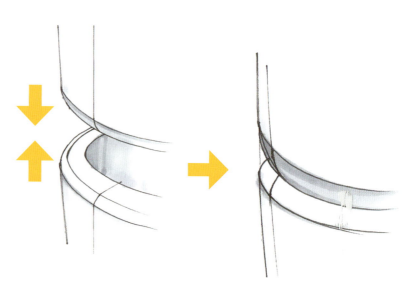

在有些效果图上，由于受到视角和透视的影响，产品的部分结构会造成识别障碍，因此需要用结构线来帮助我们去梳理产品各部分之间的空间布局和产品表面的起伏关系等。比如下图这两个案例。

案例一

案例二

 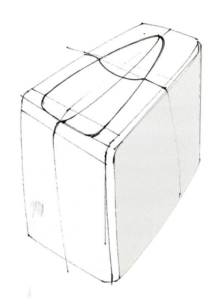 

在没有结构线的情况下，我们根本无法识别出形体的表面起伏关系。

但是当我们画上结构线之后，就可以清楚且准确地获取形体表面的信息，从而区分出它们是平整还是凹凸形态。

本节谨记

任何一件成熟的产品都不会出现百分之百90度的锋利转折，它们或多或少都会有一些倒角（就算是极其锋利的刀刃也会在使用的过程中形成一些微乎其微的圆角）；

在刻画产品线稿的时候如果出现单线条，那么必然是不够精细的体现。因为边沿处有倒角，交接处有分模缝，它们都得靠双线条和多线条来进行表现；

当你的产品画得软塌塌的时候，你可以尝试画上结构线，它可以瞬间让你的产品结实起来；当你的产品画得已经很结实的时候，你还可以尝试画上结构线，它可以瞬间让你的产品专业起来。

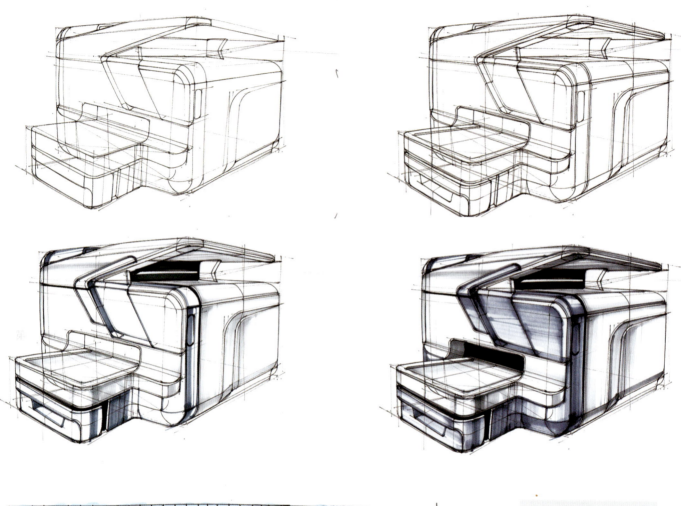

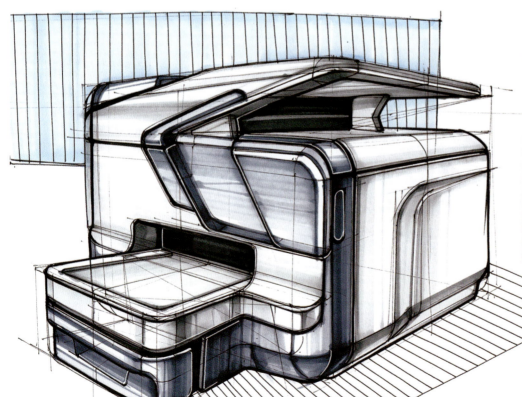

由于该款复印机的造型比较简洁，故我们在刻画线稿的时候需要更为细致到位，比如说比例、倒角、分模缝等局部信息。

同时该产品的主要色调为灰色调，故在上色时一定要对整体进行把控，以便于绘制出该产品在色彩上的的层次感。

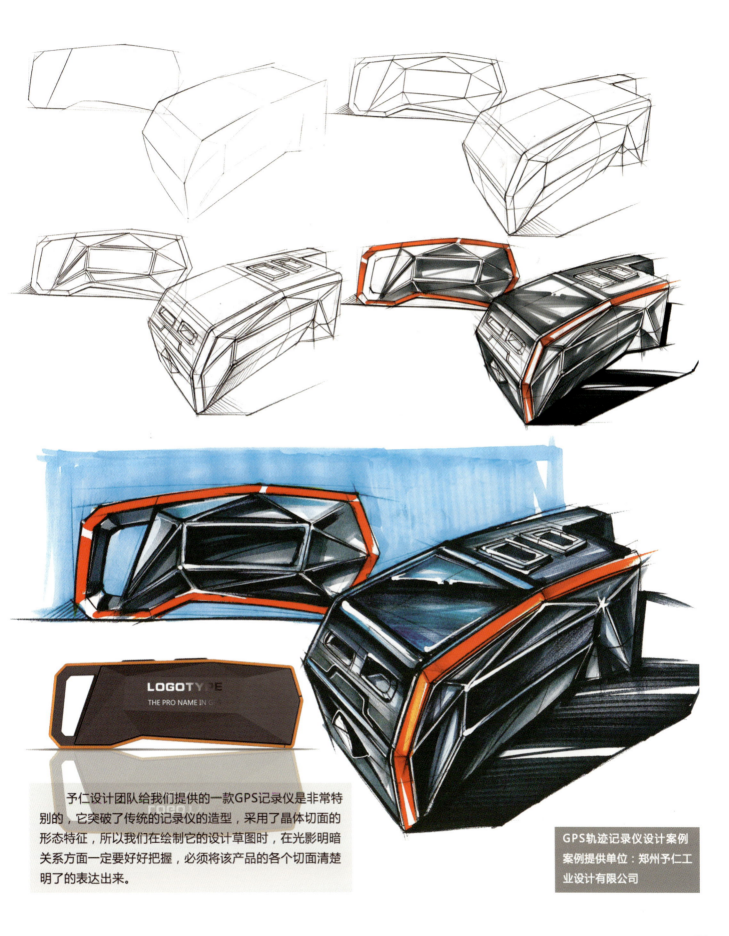

　　予仁设计团队给我们提供的一款GPS记录仪是非常特别的，它突破了传统的记录仪的造型，采用了晶体切面的形态特征，所以我们在绘制它的设计草图时，在光影明暗关系方面一定要好好把握，必须将该产品的各个切面清楚明了的表达出来。

GPS轨迹记录仪设计案例
案例提供单位：郑州予仁工业设计有限公司

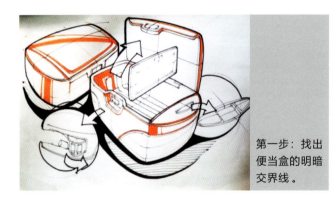

第一步：找出便当盒的明暗交界线。

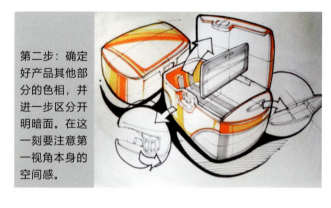

第二步：确定好产品其他部分的色相，并进一步区分开明暗面。在这一刻要注意第一视角本身的空间感。

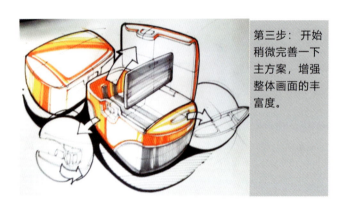

第三步：开始稍微完善一下主方案，增强整体画面的丰富度。

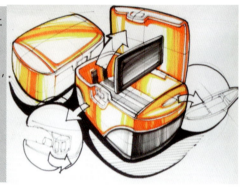

第四步：停止对第二视角的刻画，继续深入刻画主方案，加强第一视角的对比度。

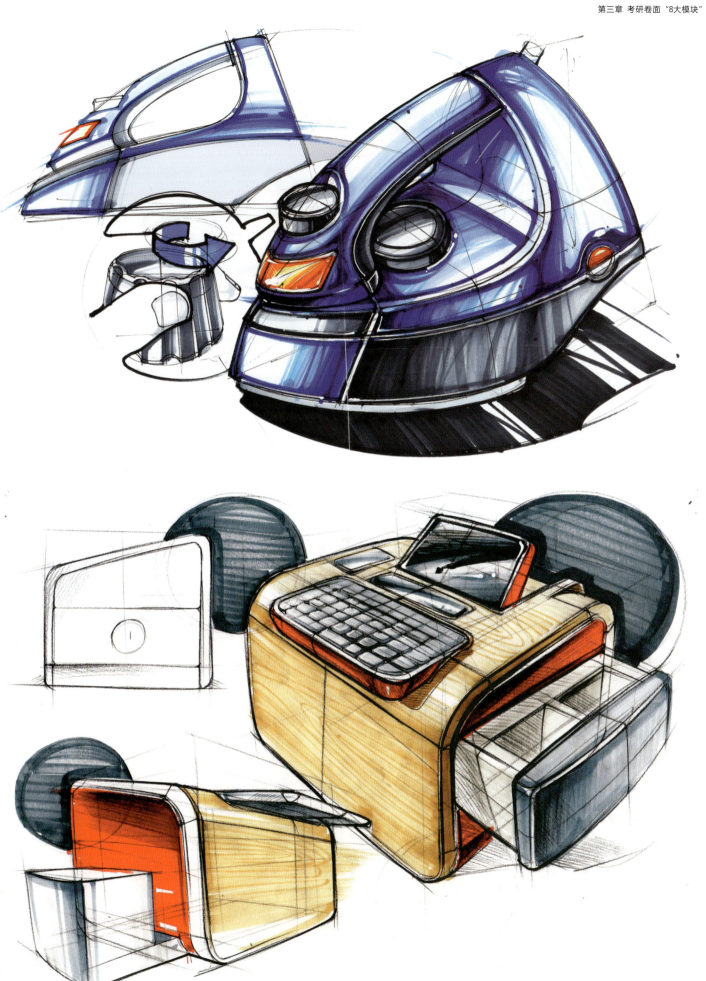

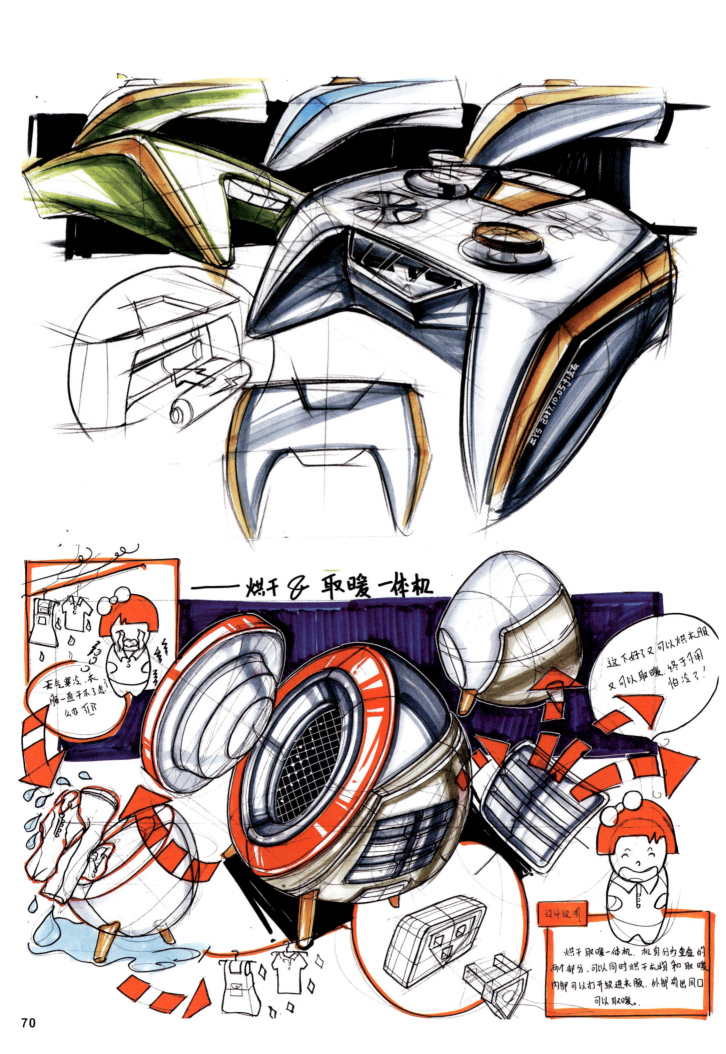

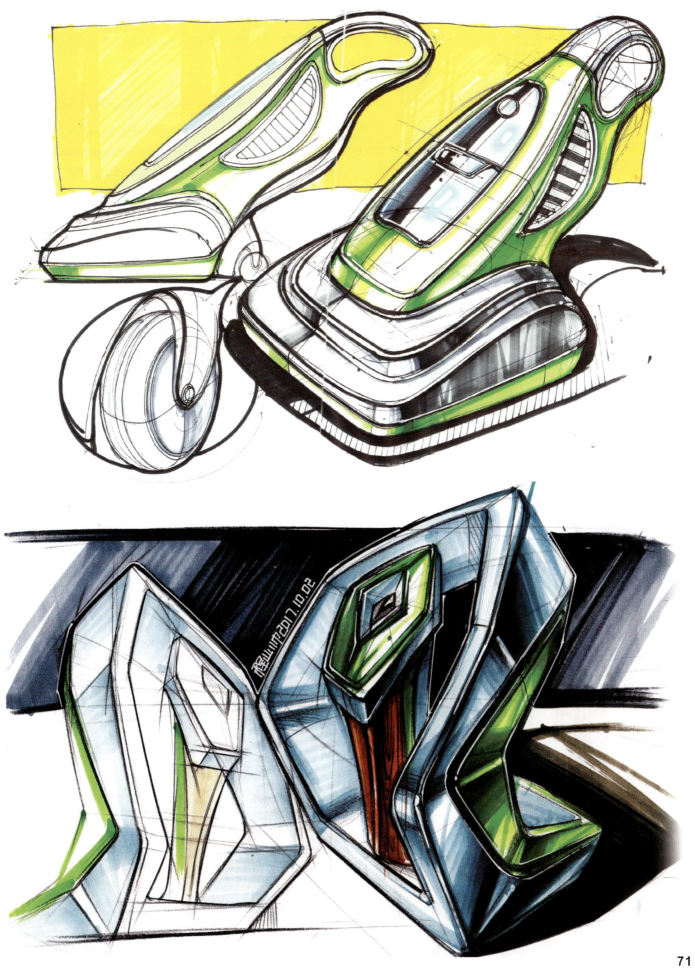

第5节 功能性细节图的刻画

大家都知道一句话："细节决定成败。"在考研这场战役中也是如此。当阅卷老师扫过你的整体卷面，若是觉得还不错，便会开始去认真推敲你这张卷子的细节内容。在这个时候，你卷面中对于细节的刻画便成为了决定你的分数的一个关键因素。

故细节图便在八大模块中有一个非常特殊的地位——不仅得有，还必须得精。

5.1 细节图的刻画程度

刻画细节图注意事项

细节图并不是将一个局部毫无意义地放大，而是要表现出完整产品效果图没有表现出来的信息。比如说：

1. 全面的操作方式；

2. 隐藏在其他角度的造型信息。

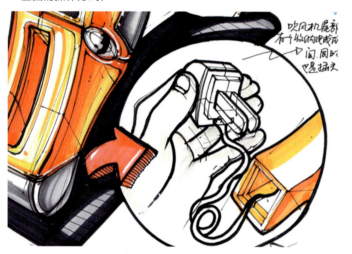

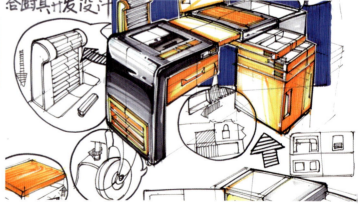

细节图不求画得多，但求画得精，这里的精是指"不应付""不凑数"。

在考试的时候，细节图你可以不上色，但是你必须表达出想表达的内容。

5.2　产品工作状态的表达

　　在前言中有这样一句话——细节图并不是将一个局部毫无意义地放大，而是要表现出完整产品效果图没有表现出来的信息。比如说处于产品其他角度并被隐藏的造型和产品的具体操作方式等。关于角度被隐藏的造型这一部分，大家应该都比较容易理解。下面我们主要来看一下如何通过细节图来表现出产品的具体操作方式。

　　🔶 必须充分清楚该操作方式；

　　🔶 我们必须基本了解支撑该操作方式的零件的物理结构，因为在用手绘表达产品工作状态的时候，我们还必须将产品部件的运动过程和轨迹表达出来；

　　🔶 若是想在细节图中表达出精准到位的产品操作方式，必须具备非常扎实的手绘基本功以及敏捷的空间思维能力。

　　接下来，让我们结合以下这些范例来理解上面的这段话。

　　这样一个细节图不仅表现出了水壶颈部可以旋转的工作状态，同时也将该连接件表面可增大摩擦的凹槽刻画出来了。

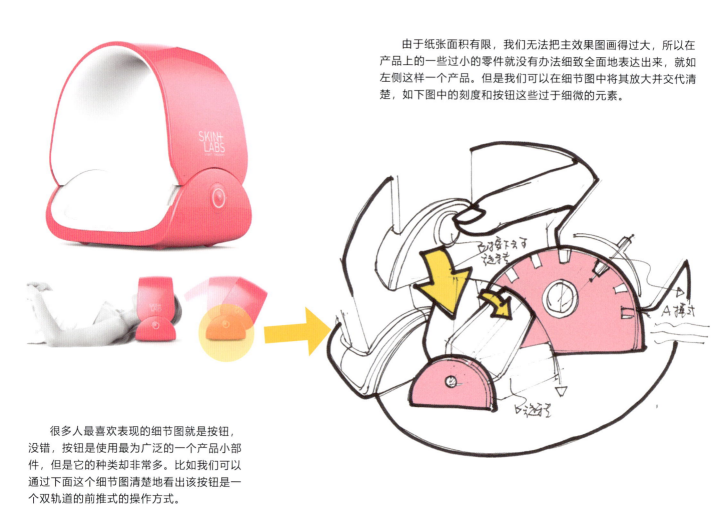

由于纸张面积有限，我们无法把主效果图画得过大，所以在产品上的一些过小的零件就没有办法细致全面地表达出来，就如左侧这样一个产品。但是我们可以在细节图中将其放大并交代清楚，如下图中的刻度和按钮这些过于细微的元素。

很多人最喜欢表现的细节图就是按钮，没错，按钮是使用最为广泛的一个产品小部件，但是它的种类却非常多。比如我们可以通过下面这个细节图清楚地看出该按钮是一个双轨道的前推式的操作方式。

（本页的产品实物图片均搜集于网络，作者不详）

5.3　手部动作和箭头的绘制方法

🔷 手部动作的绘制

　　若是想全面地表达出产品的各种操作状态，单单只靠刻画产品部件是不够的，还需要我们搭配上在操作该产品时的手部动作。就如下面这些细节图中的手部刻画，它会让你非常直观地获取产品操作信息。

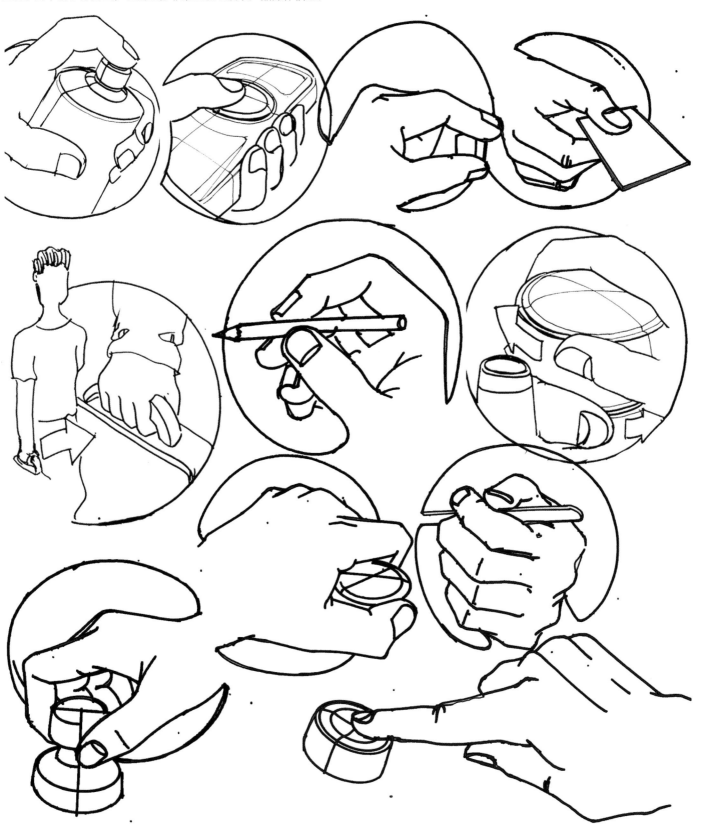

🔶 **箭头的绘制方法**

在很多画稿上我们都能看见箭头的身影。虽然它在整个画面上所占的面积比较小，但是它的语义性却很强，并对整个画面的诠释有着非常大的作用。

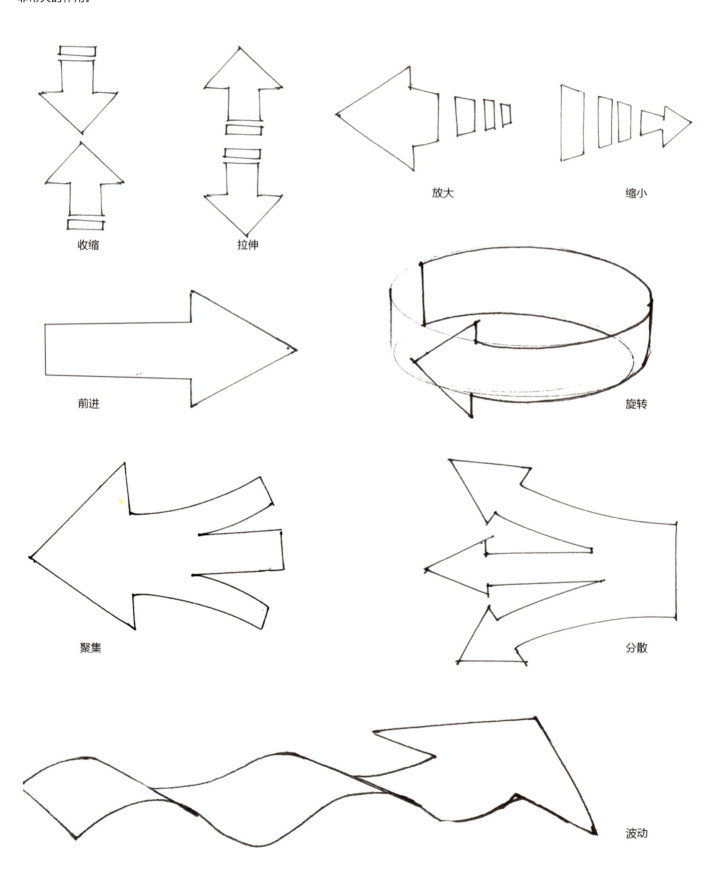

放大

缩小

收缩

拉伸

前进

旋转

聚集

分散

波动

5.4 优秀细节图案例

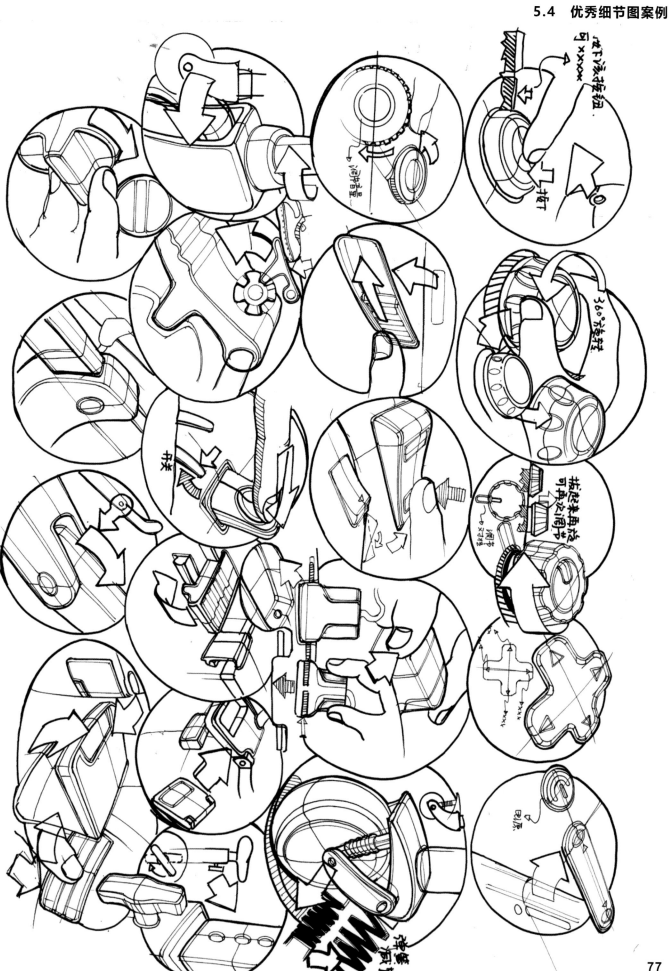

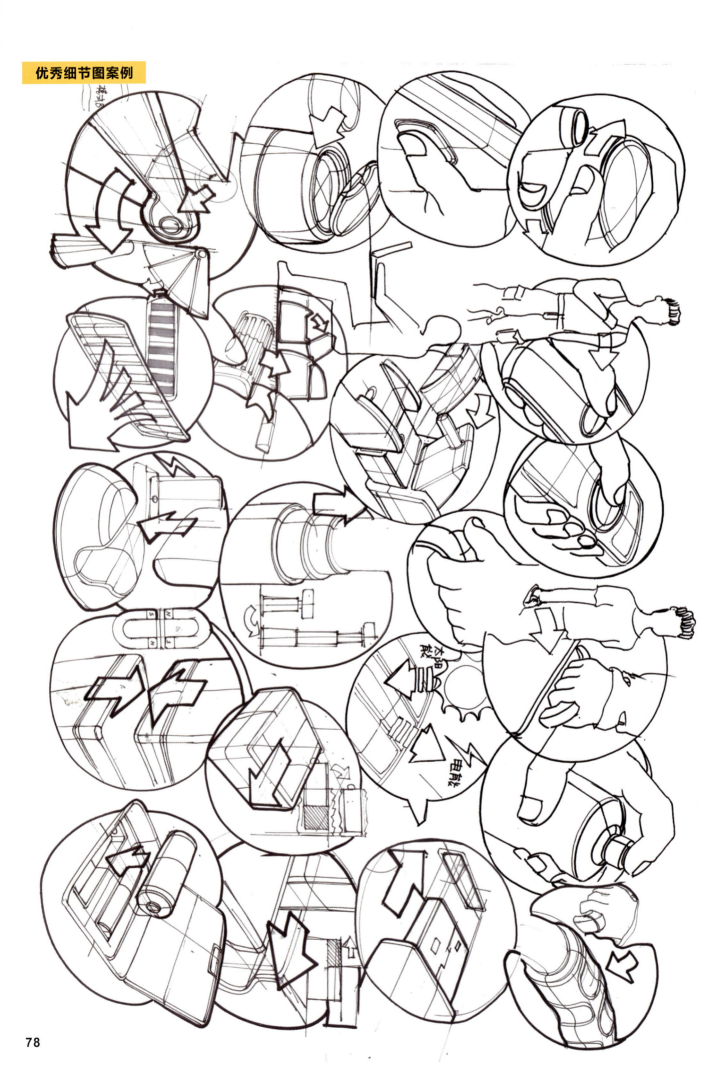

第6节 情景使用图（故事板）的绘制

其实广大设计工作者从事的设计工作，说到底并不只是设计一个产品，而是通过一件产品去为使用者提供一种服务，一种可以增强人们舒适感的服务。

所以在我们卷面上的草图方案中也需要绘制情景使用图来表达出这一理念，因为小幅的场景效果图可以提供一种可视化的引导作用，同时帮助阅卷老师站在我们的角度去对设计方案产生共鸣。

更重要的是，这样一种感性的交流方式，不仅可以确保对产品信息的准确理解，也能使阅卷老师通过结合简单的故事性创意草图，对故事内的产品信息进行更深层次的思考。

情景使用图的绘制无需过于精细和专业，我们只需要通过其表达出我们想表达的信息即可。

6.1 绘制情景使用图的作用

　　在学过上一节关于细节图的内容之后，很多小伙伴会想这样一个问题："细节图不就是已经是产品的使用图了吗，为什么还要再单独编一节内容来说情景使用图呢？"

　　如果你真的这么想，那么就错了。因为上一节的细节图只是表达了产品个别部件的使用方式，并没有表达出完整的产品该如何系统地操作。而情景使用图的作用则更为全面，可以归纳为以下三点：

一．交代该产品使用环境

　　在考试中若我们的设计方案对使用环境或时间有特殊要求，那么就需要我们在卷面上绘制出情景使用图来对其做出一定程度的表现。

案例一

　　我们可以通过一些简单的自然元素来表示出该产品可户外使用的特点。

案例二

　　简单表达的斑马线和小朋友雀跃的走路姿势，便可表达出该产品是在小朋友过马路时使用的。

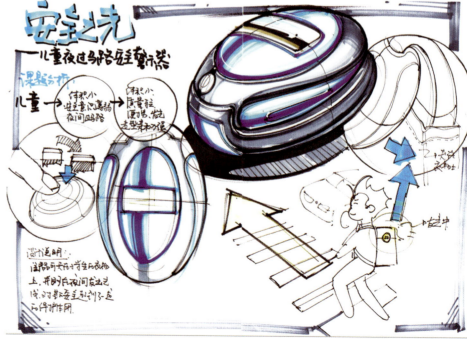

二.体现出产品尺寸与人物之间的比例

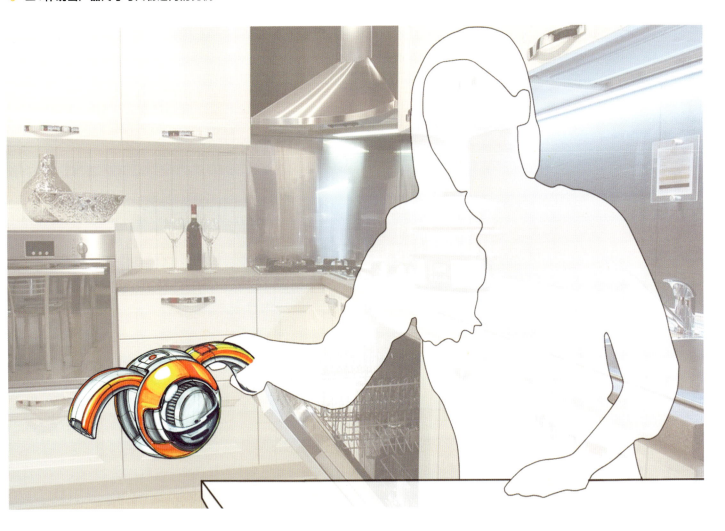

情景使用图还有一个作用,就是它可以很直观地告诉阅卷老师你所设计的产品的大概尺寸以及和人体之间的比例关系。因为在纸张上,我们所刻画出来的产品都是经过放大或缩小后的尺寸效果,所以情景使用图可以将产品在尺寸方面高度还原,以便于阅卷老师更为准确地获取信息。

在上图和左图中,我们不仅获取了产品的部分操作方式,还通过它与人物的对比,明显地获取了产品的大概尺寸。

如果拿情景使用图和上一节的细节图相比，它们的共同点就是都表达了产品的部分操作方式；而不同的地方则是情景使用图是将产品的操作方式表达得更为系统和全面，它可以表达出产品在特定环境下到底是怎么和人们互动的。说到这儿，我们也就可以把细节图视为情景使用图的一个重要组成部分。与此同时，我们也可以把情景使用图视为产品的一个很大的细节图。

用户使用前心理状态

产品所处环境

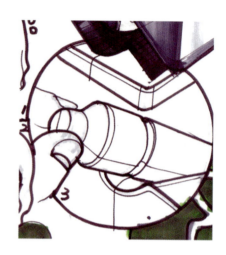

细节操作图

我们可以将产品与人体的比例、局部的操作方式、人们使用产品前后的心理感受以及产品所处的环境，全部使用图的方式表达出来，并组合成一个完整的情景使用图（如右图）。

虽然最终效果看起来并不是特别精美，但在时间有限的考场上，我们能通过它将很多产品信息表达出来，还是非常可取的。

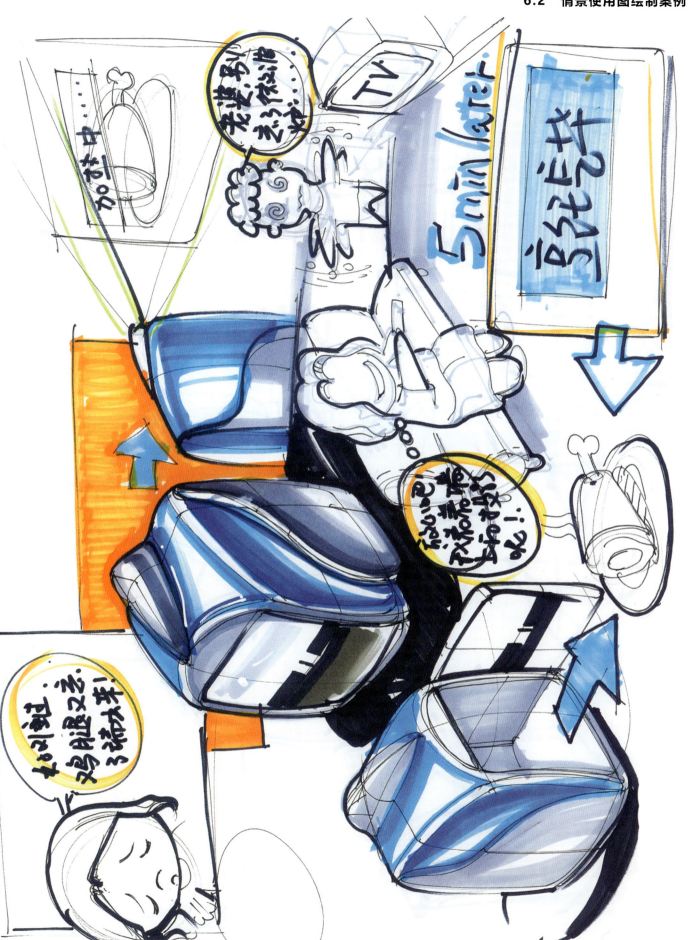

84

6.3 交互界面的绘制

　　随着科技的进步，越来越多的移动终端出现在我们生活中，并且慢慢 "统治" 了我们的生活，交互设计作为应运而生的一个新的学科，理所应当快速地进入发展阶段。同时它的出现对于工业设计教育界也有着重大的影响，越来越多的高校在设计学的大学科下新增了交互设计的小方向，所以注重 "交互与人的交互性" 这一要求就很自然地出现在了很多的考题中。

　　交互设计，又称互动设计，（英文Interaction Design，缩写IxD或者IaD)是定义、设计人造系统的行为的设计领域。人造物，即人工制成物品，例如：软件、移动设备、人造环境、服务、可佩带装置以及系统的组织结构。交互设计在于定义人造物的行为方式（the "interaction",即人工制品在特定场景下的反应方式）相关的界面。

交互设计的设计原则：

可观性：功能可视性越好，越方便用户发现和了解使用方法；

反馈：反馈与活动相关信息，以便用户能够继续下一步操作；

限制：在特定时刻显示用户操作，以防误操作；

映射：准确表达控制极具效果之间的关系；

一致性：保证同一系统的同一功能的表现与操作一致；

启发性：充分准备的操作提示。

　　看到这里，大家不禁也有点晕，可能完全不知道该怎么去表达，下面我们就来给大家吃一个定心丸。

　　由于交互设计是一个非常复杂且系统的学科，大家在本科时也由于条件有限并没有对其有特别深入的了解，所以研究生入学考试中不会让你在短短的3个小时内去设计出一整套完整的APP或者网站界面的。

　　而它的题目一般都会是如下面这种模式： "设计一款智能婴幼儿产品、要有一定的智能交互界面的体现。" 也就是说，它会让你设计一款产品，且必须体现出一定的智能化。

　　下面就来根据上题来看一张范画。

　　我们可以通过图中右下方的交互界面，表现出该奶嘴可以通过婴儿的吸吮力度测试出他自身的健康程度。

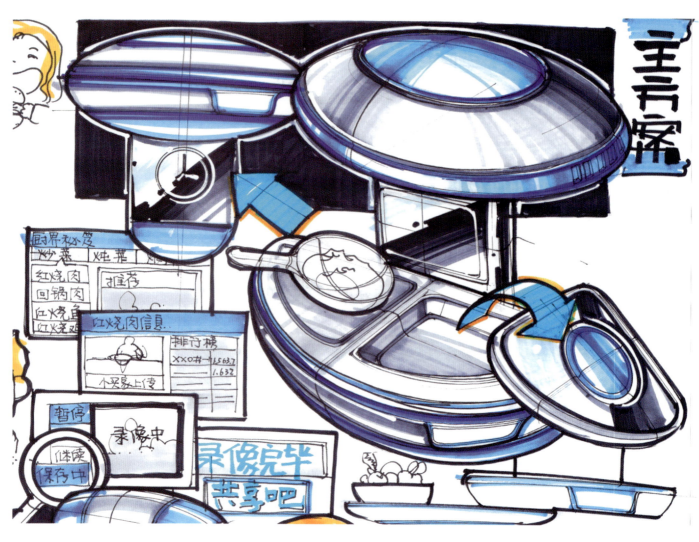

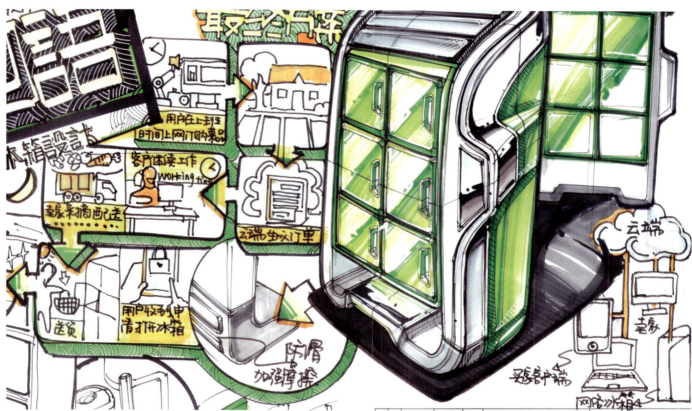

6.4 交互界面的绘制案例

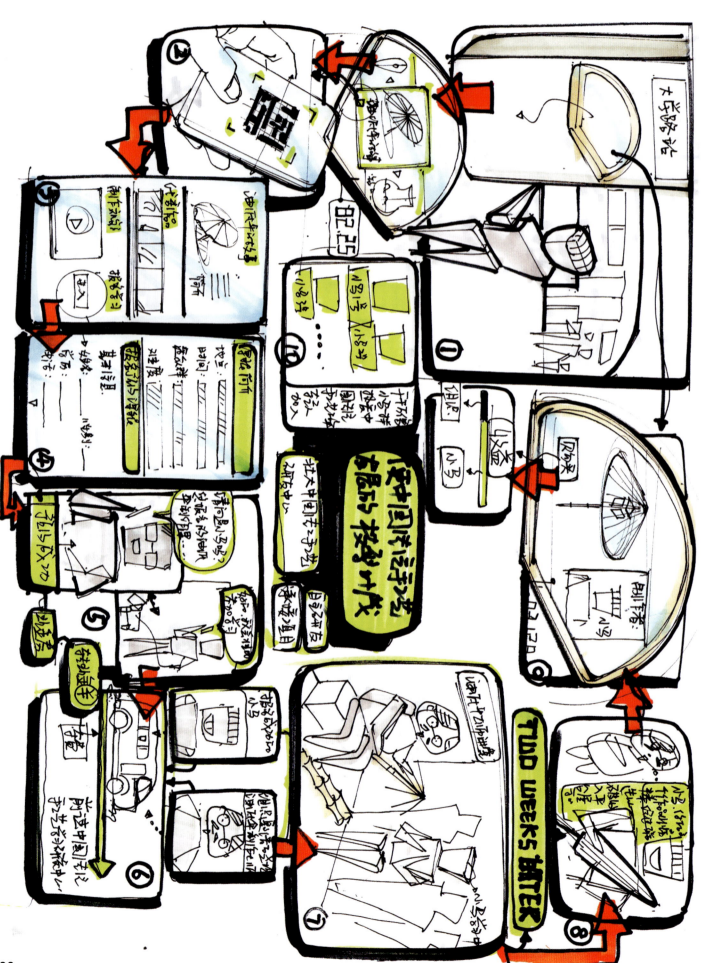

第7节 三视图和配色方案的绘制

7.1 三视图的绘制要求

必须绘制三视图的这样一个要求，基本上会出现在任何一个院校的专业设计试题中。所谓的三视图也就是观测者从正前方、左侧方、上方三个不同角度观察同一个空间几何体而画出的图形。

如果将人的视线规定为平行投影线，然后正对着物体看过去，将所见物体的轮廓用正投影法绘制出来的图形就称为视图。一个物体有六个视图：从物体的前面向后面投射所得的视图称为主视图（正视图）—— 能反映物体的前面形状；从物体的上面向下面投射所得的视图称为俯视图 —— 能反映物体的上面形状；从物体的左面向右面投射所得的视图称为左视图（侧视图）—— 能反映物体的左面形状。还有其他三个视图不是很常用。三视图就是主视图（正视图）、俯视图、左视图（侧视图）的总称。

🔶 位置关系

主视图在图纸的左上方
左视图在主视图的右方
俯视图在主视图的下方
主视图与俯视图长应对正（简称长对正）
主视图与左视图高度保持平齐 （简称高平齐）
左视图与俯视图宽度应相等（简称宽相等）
若不按上述顺序放置，则应注明三个视图名称

🔶 尺寸标注

首先明确一下，物体的三视图和物体上、下、左、右、前、后六个方位的对应关系。

主视图的轮廓线表示上、下、左、右四个方位；
左视图的轮廓线表示上、下、前、后四个方位；
俯视图的轮廓线表示前、后、左、右四个方位。

然后在图示中规定左右为长，上下为高，前后为宽，尺寸单位我们统一为毫米（mm），并且需要标注上尺寸比例关系。

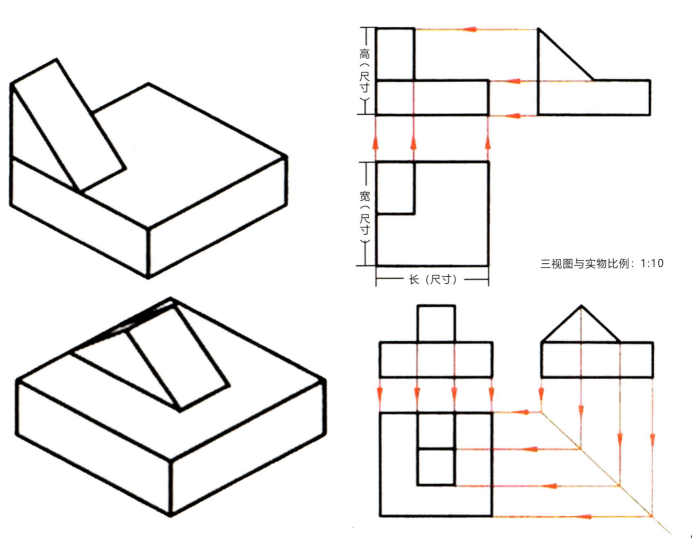

三视图与实物比例：1:10

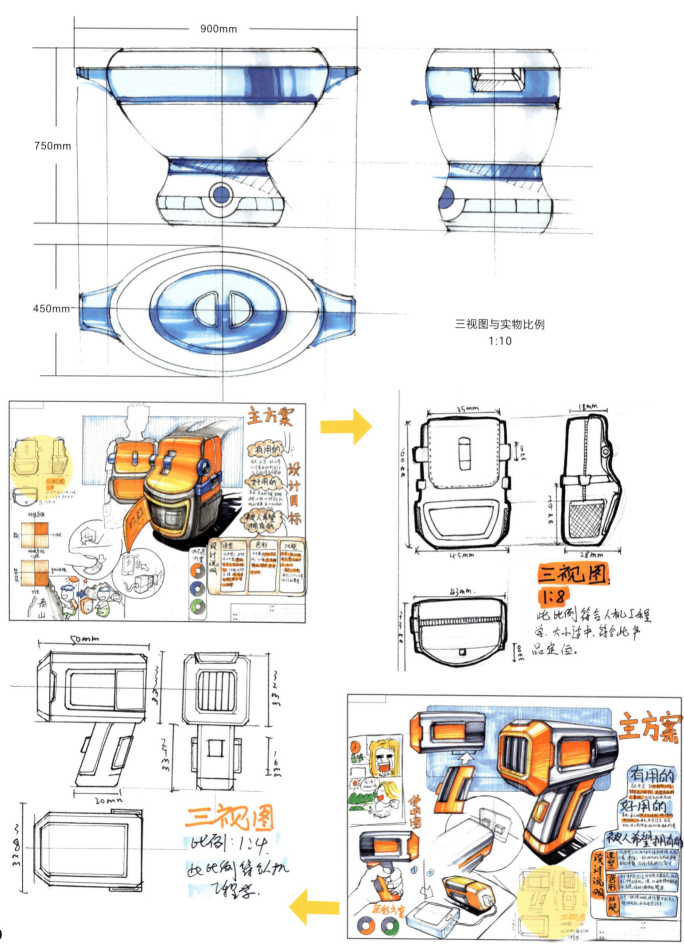

900mm

750mm

450mm

三视图与实物比例
1:10

7.3　配色方案的绘制要求

　　关于配色方案，试题上并没有硬性要求去绘制。但是当你的整个版面由于缺乏元素显得很空的时候，配色方案无疑是一个非常称职的"填空者"，关于它的绘制要求也没有一个绝对的标准，精细或者简略都可，但是得注意一点，你的配色方案必须适合你的产品所属的领域。下面我们就来看一些不同配色方案的表达案例。

7.4　优秀配色方案案例

🔶 绘制配色方案最简单的方法就是用最简单的几个图形进行色彩分块。

🔶 当这个卷面上所剩空白面积不多的时候，我们可以将三视图和色彩方案结合在一起绘制。

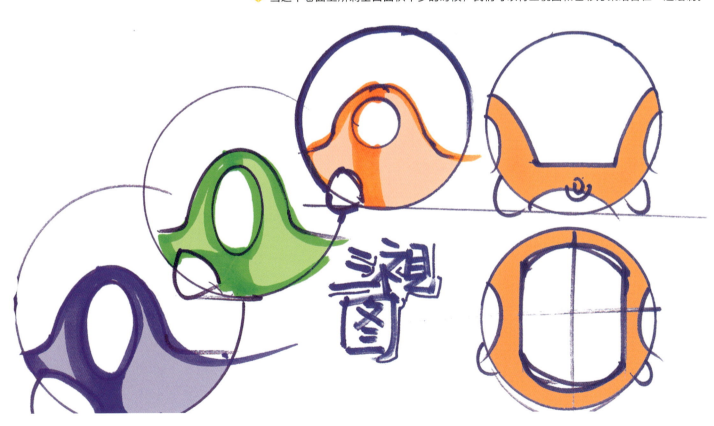

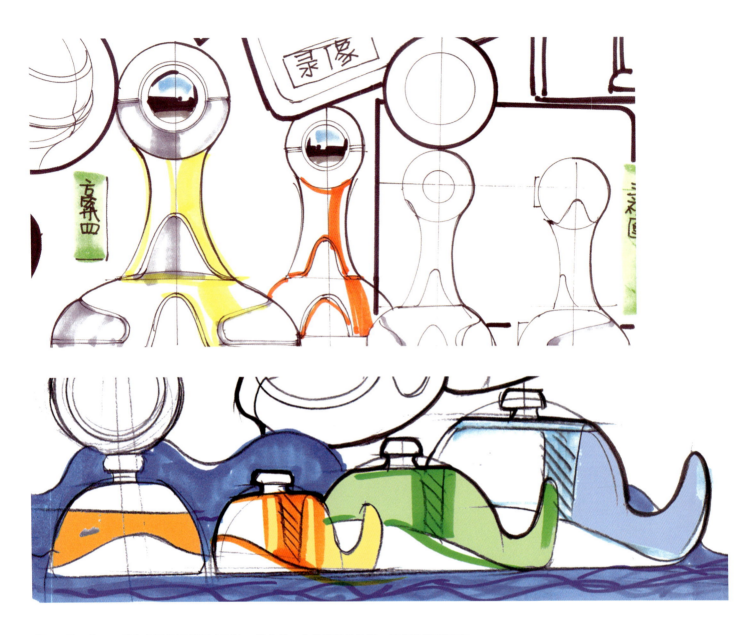

用若干个不同配色产品的正侧图来表达，将会是一个非常好的选择，不仅体现出了产品的造型轮廓感，同时也表达出了不同的配色方案。

我们也可以取产品的局部来绘制产品的配色方案。

我们还可以放到设计说明中用文字加图表的形式来表达色彩方案。

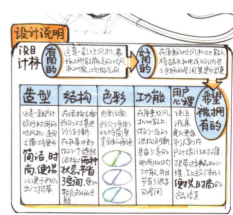

第8节 设计说明的书写要求

各高校的考研试题中，基本都会要求大家在卷面上书写一段设计说明，个别学校还会对字数有一定的限制。因为设计说明在设计方案中有着非常重要的作用，它可以帮助阅卷老师更加系统地去理解你的设计方案，并且对部分产品细节的文字说明，会让老师更加细微和深入地理解你的产品。特别是对于那些图示并没有表达到位的卷面，文字说明就显得更加重要了。

8.1 书写设计说明的注意事项

首先，建议大家用平时写字的笔去写设计说明，而不要用你画画时用的针管笔或者铅笔去书写。因为针管笔用久了之后，笔尖会磨出一定角度的倾斜度，而这种倾斜度是不利于书写汉字的。其次，也不要用铅笔，因为铅笔写出来的字时间久了会模糊。

字一定要写得好看，如果某些小伙伴写的字是"天生的丑"的话，那么我请求你千万不要潦草，一笔一划地去工工整整地书写。

整段字数最好不要超过100字（在试题没有字数限制的情况下），因为整个卷面毕竟还是以图画为主，并且阅卷老师第一眼看到的肯定是你卷面上的图画，而不是文字，只有当他们对你的试卷想要深入了解时才会去仔细阅读你的文字说明。

一定要分条叙述，因为老师审阅每一张卷子的时间很有限，所以一定要确保你的一大段文字内容条理清晰，便于阅读。最好每一条都能阐述出你所设计的方案的一个面。比如说你可以从造型、功能、材质、出发点、设计目标等不同方面去书写你的设计说明。

书写设计说明的时候，尽量排成一个方块或者一定的图案，避免因为字体过于零碎而影响了画面效果。

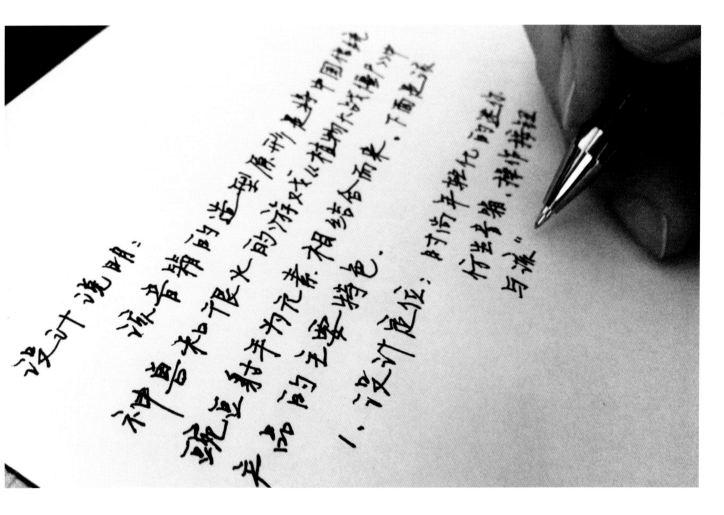

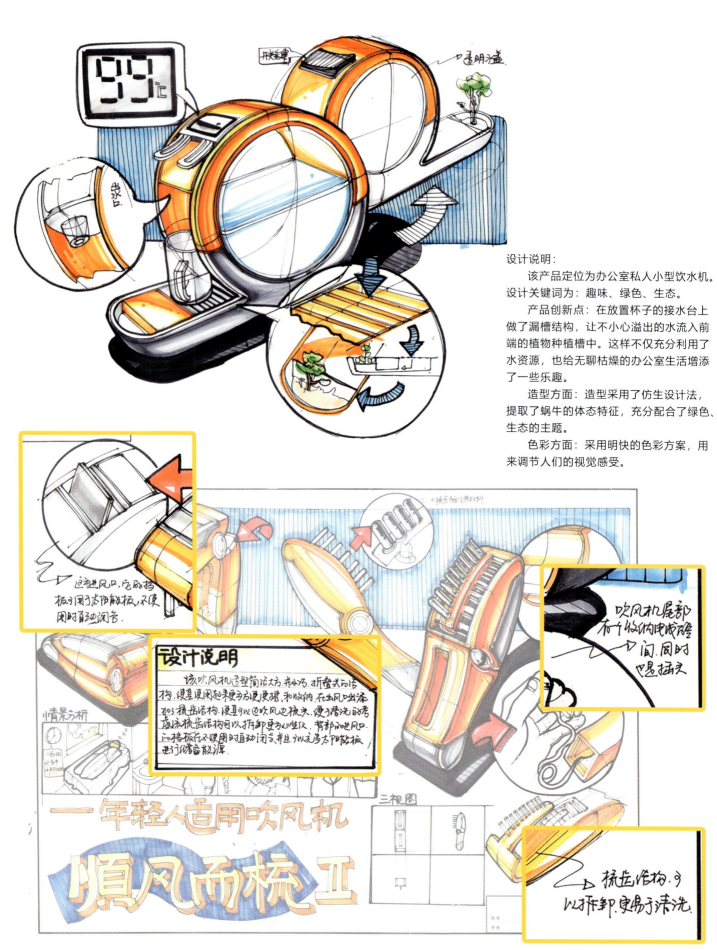

设计说明:

该产品定位为办公室私人小型饮水机。

设计关键词为: 趣味、绿色、生态。

产品创新点: 在放置杯子的接水台上做了漏槽结构, 让不小心溢出的水流入前端的植物种植槽中。这样不仅充分利用了水资源, 也给无聊枯燥的办公室生活增添了一些乐趣。

造型方面: 造型采用了仿生设计法, 提取了蜗牛的体态特征, 充分配合了绿色、生态的主题。

色彩方面: 采用明快的色彩方案, 用来调节人们的视觉感受。

第四章 如何解决 "脑中无造型"

大家知道当你进入考场后，最可怕的事情是什么吗？让我来告诉你，在考场上最可怕的并不是你不会画你的设计方案的造型，而是当你看着时间在一分一秒地流逝，大脑却一片空白，完全想不出任何的造型。

众所周知，在考场上时间就是分数，三个小时（部分学校考四或者六个小时）的时间即使不算上让大家现场构思，直接去画一幅整体版面也是非常紧张的。所以在你开封试卷袋十分钟内如果还没有想出合适的产品方案和造型的话，那么你整个人就会变得非常焦躁不安，这样对后面的考试是非常不利的。

所以本章节的主要内容就是来指导大家如何快速构思出出众的产品造型。

第1节 怎样将最简单的"几何元素"产品化

1.1 将复杂形态几何化

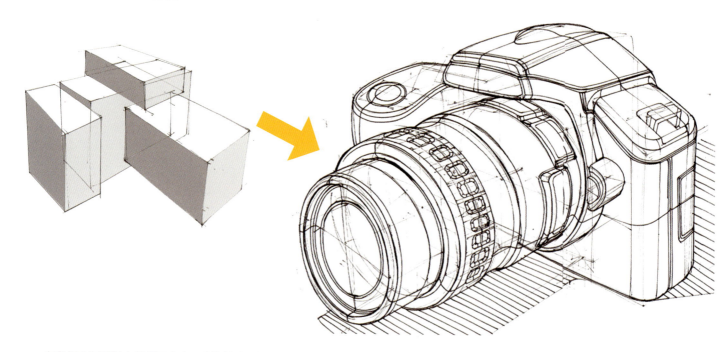

　　在考场上短时间内若想不出来一个比较出彩的产品造型，是一个很正常的现象。但是你肯定可以默写出一些类似于立方体、圆柱的基本几何形态。这个时候你就可以完全换一个思路，将这些最基本的几何形态进行组合切割然后深化，最终变成一个成熟的产品造型。其实你可以仔细观察一下日常生活中我们所接触的产品，其实它们的造型也是由一个个最简单的基本几何形态进行拼接或者切割而成的。就如上图这个相机，我们完全可以把它这样分解。

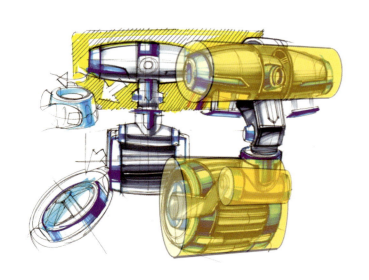

　　通过上图，我们可以很容易地看出该方案的最基本形态是三个大小不一的圆柱体。然后进行连接、变形、修饰成了最终的形态。

　　上图中的摄像头，在最初造型构思的时候，是由一个球体、一个圆柱体、一个半圆组合而成的。

　　通过以上两幅图，我们可以清楚地看出，任何复杂和不规则的形态都是由最基本的几何形态组合而成的。在考场上，如果大家实在想不出产品造型来，你不妨试一试下面这种方法：将几个最基本的几何形态画在稿纸上，然后将它们随意组合切割，再从中选出几个和你的设计主题相符的方案进行深化，从而得到最终的造型。

1.2　将简单几何体复杂化

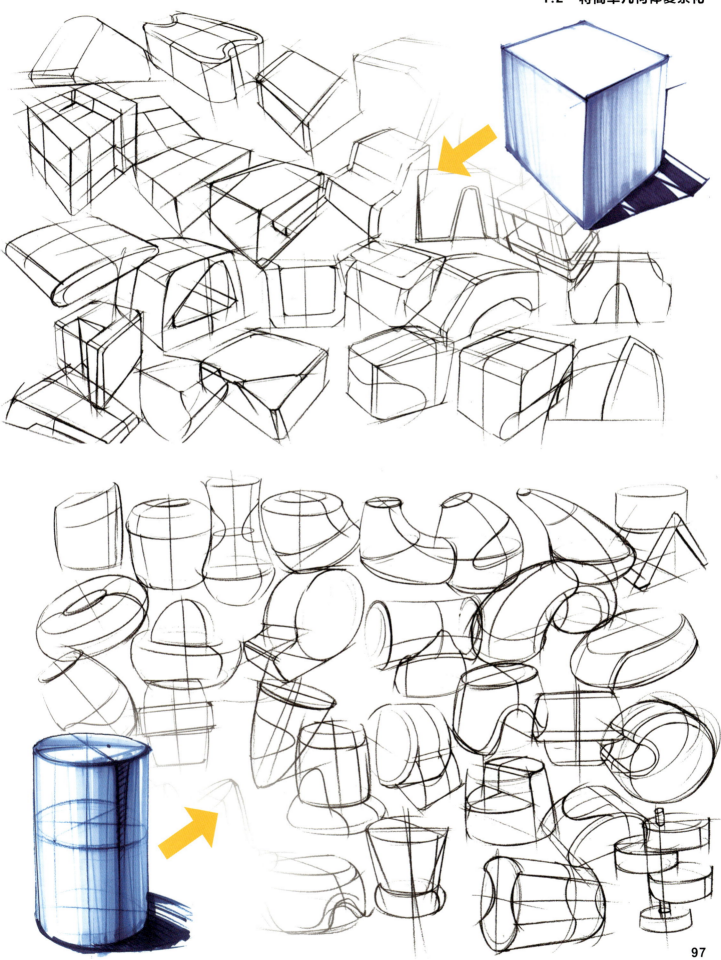

　　当大家翻到本页，可能目光会不自觉地被文字后面的这张背景图片所吸引，其实这张照片所记录的是美术高考后的阅卷场景。

　　你们可以明显地看出它的阅卷模式不同于平常的那些考试科目，因为在美术高考过后，工作人员会将所有的试卷运往一个非常空旷的类似于体育场的场所，然后将每一张试卷平铺在地上，阅卷老师手里面拿着一根细细的竹竿，将地上的试卷进行分档。所谓的分档就是老师会根据第一眼感觉将他看到的试卷分为：A档（140-149分）、B档（130-139分）、C档（120-129分）、D档（110-119分）以及更低的分数档。当分档工作完成后，如果你的试卷已经被分到了B档，那么这个时候阅卷老师 就会对你的卷面进行细评，决定它的分数是接近131还是139 。基本情况下，如果你的试卷入了某一个档，那么就不会改变，但是也有特殊情况，就是如果老师觉得你的卷面效果跟他的第一眼有出入，那么就会把你降档或者提档。

　　说了这么多，只是想告诉大家，考研手绘阅卷工作和艺考阅卷是同一种模式的。那么此时就引出了本章内容的关键所在—你必须让你的试卷从千千万万张试卷组成的卷海中"跳"出来，然后被老师一眼相中后，划到A、B档。因为只有这样，你才能确保你的手绘科目会获得一个比较拔尖的分数。

　　下面我们就来分析一下，什么样的产品造型才能称之为："跳"。

2.1 更"跳"产品造型的特点

俗话都说"枪打出头鸟",然而在考研这场"战役"中却恰恰相反,而是谁"跳"出来了,谁就赢了。大家可以回想一下老师阅卷的场景,你就会意识到老师能快速看见你的卷子是一件多么幸运的事情。下面我们来做一个调查:当你第一眼看到下面六张卷面的时候,哪一张是最吸引你的呢?

大家有没有觉得图3和图4的效果是最为突出的。那么为什么会产生这种视觉效果。下面我们就来分析一下一个"跳"的产品造型应该具备哪些特点。

图1:虽然整个设计流程交代得非常清楚,但是由于主方案造型只是一个方盒子,缺乏特色,故在众多试卷当中显得不够突出。

图2:虽然主方案造型比较夺人眼球,但是仔细一看,各个方案之间十分缺乏主次关系,并且细节刻画得也不到位,还有主方案两个视角只是随便水平翻转了一下,并没有对产品信息进行丰富。

图5:这张画的难度还是非常大的,作者应该花费了很长的时间,但是由于主方案是一把椅子,故相比之下造型太过于单薄,不够饱满,在众多卷面中便失去了张力。说白了,这是一张"吃力不讨好"的画,但是这样一张试卷很可能被提档。

图6:其实这张卷面该有的元素基本都交代清楚了,但是由于作为其主色调的蓝色后退感太强,便被其他几张画"吃"掉了,然而由于该卷面非常完整,所以分数也不会太低。

图3、图4:之所以那么突出,是因为你会发现这两张画不仅卷面丰富,而且主方案造型抓人眼球,创意点可读性较强,并且主色调明艳突出,这些方面都是它们"跳"出来的原因。

由上面的这段分析,我们可以总结出以下几点:

🔶 主方案造型尽量饱满,这样才会在上完颜色之后显得有张力;

🔶 方案造型避免是最简单的方盒子;

🔶 一定要确保你的主方案有一定的可读性,这样才不会让阅卷老师看得一头雾水;

🔶 色彩尽量用纯度高的彩色和灰色搭配,这样会在保持鲜艳度的情况下不至于显得太卡通和浮躁;

🔶 注意整个版面的虚实对比,并且永远不要忘了细节决定成败。

2.2 最高效的思路——从造型入手

　　要是想设计出一个成熟的产品造型，其实是需要很多个步骤去修改优化的，然而在考试的时候我们的时间并不充足，所以此时我们就需要找一种比较高效的方法，使我们画出一些比较出众的造型，以确保我们的卷面"跳"出来。

　　首先第一个方法就是从造型入手。从造型入手很大一部分也就意味着你这场考试准备用造型取胜了，这也就要求你的方案造型非常有特色并且能够抓人眼球，而在短时间内若是想在造型这方面有所突破的话，那么有一个方法是比较可取的，就是"仿生法"。

　　所谓的仿生法也就是在设计产品外观的时候，提取借鉴一些自然界中的动植物的整体或者局部的外形特征，用来帮助产品造型达到一种自然、质朴且优美的效果。但是需要注意一点，最好让你的产品造型和原型似像非像（大概百分之二十的相似度）。否则过于具象的话，就会把你的产品"公仔化"，这样就得不偿失了。下面让我们来参考一些具体案例。

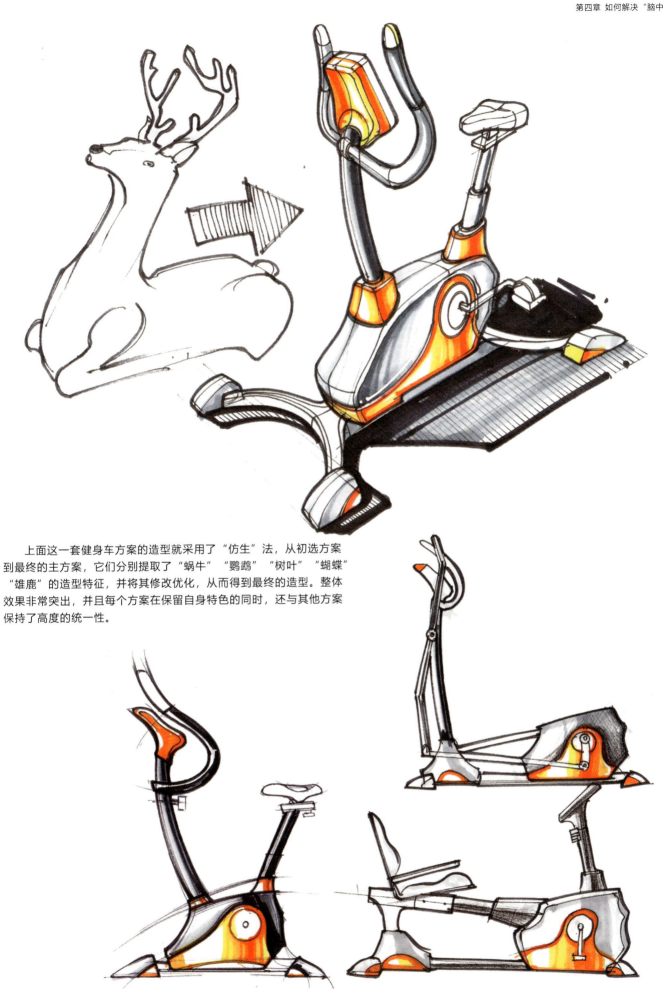

上面这一套健身车方案的造型就采用了"仿生"法，从初选方案到最终的主方案，它们分别提取了"蜗牛""鹦鹉""树叶""蝴蝶""雄鹿"的造型特征，并将其修改优化，从而得到最终的造型。整体效果非常突出，并且每个方案在保留自身特色的同时，还与其他方案保持了高度的统一性。

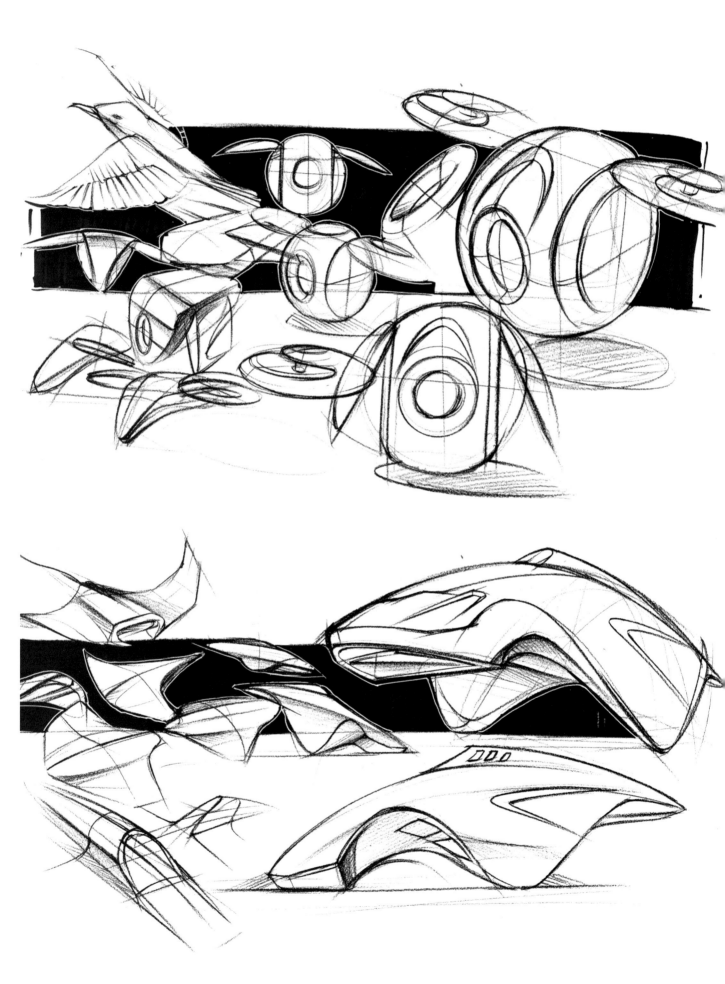

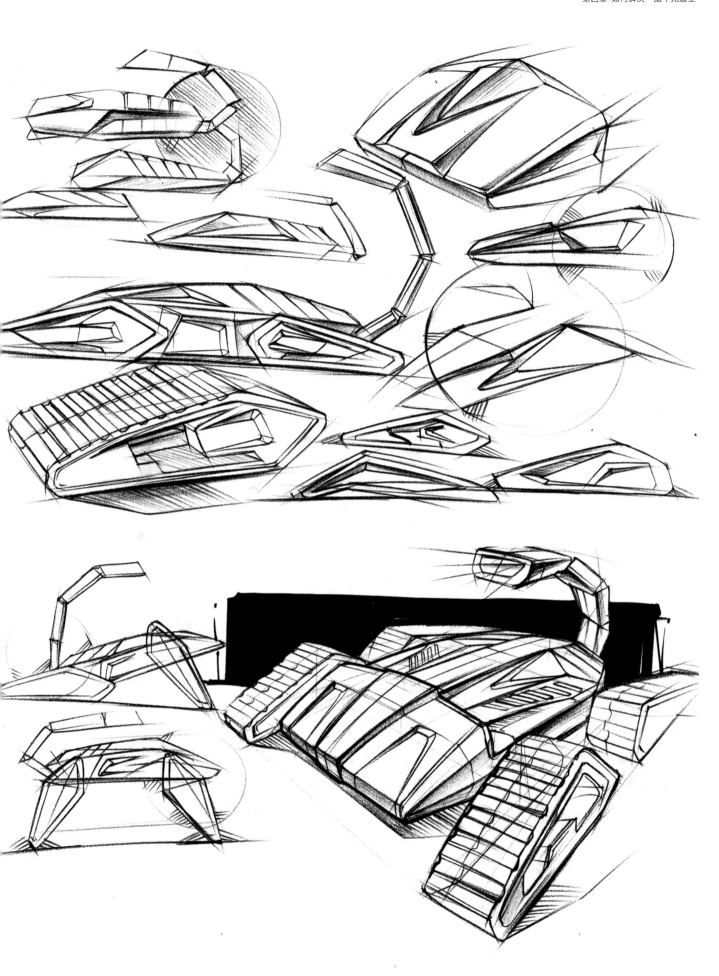

2.3 最高效的思路——从结构入手

除了从造型入手外，我们也可以从产品结构入手。所谓从结构入手，就是我们将日常生活中产品的基本结构进行归纳总结，并把它作为一个出发点，进行延伸拓展，从而得到最终的造型。

我们可以将常见的产品结构分为以下三个比较容易把握和表现的模块来入手。

🔶 **开合结构**

带有开合结构特征的产品，经常出现在我们日常生活中的容器产品上，比如电饭煲的开合盖等，但是当我们把这种结构运用在其他领域的产品身上的时候，也会有很多意想不到的效果出现。

优点：开合结构会使产品形态更加多变，从而在考场上给我们提供更多的表现空间，来帮助我们去丰富画面。

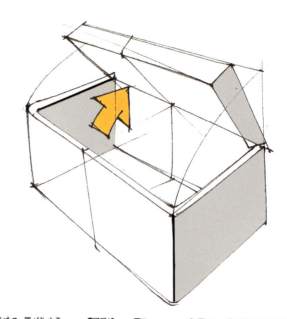

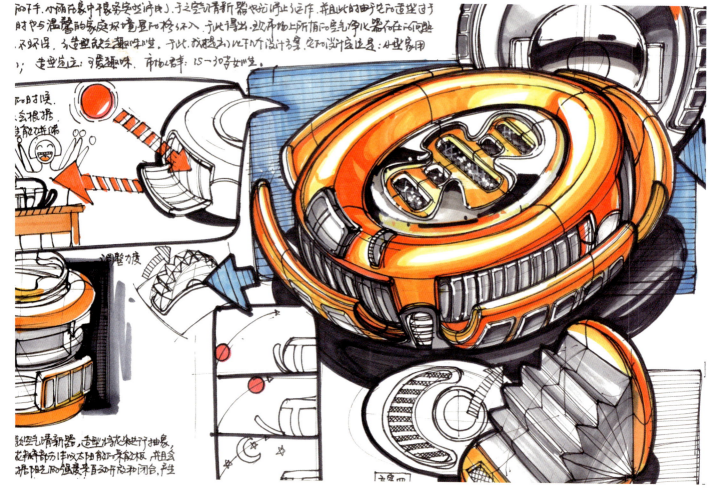

104

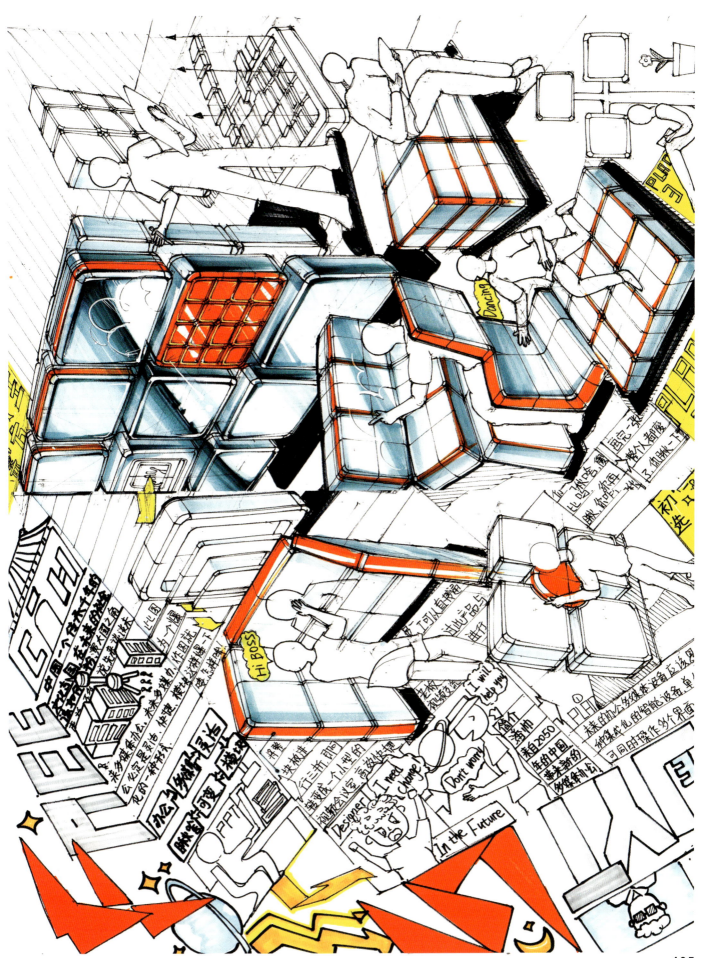

🔶 抽拉结构

　　抽拉结构是我们日常生活中最常见的产品结构之一，抽屉、火柴盒、家具上到处都能看见它的身影。但是当我们在运用的时候，一定要有所注意，否则就会落入俗套、没创意的圈子里。

　　优点：可读性很强，并且容易被阅卷老师理解。

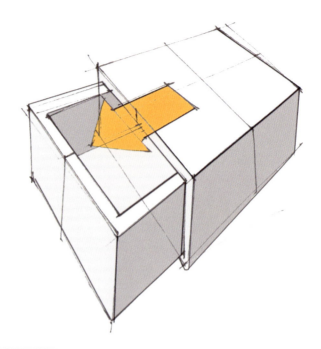

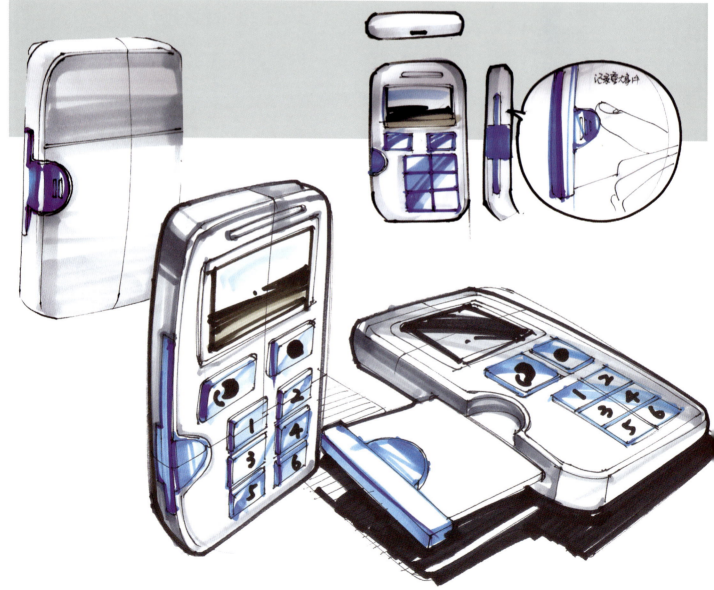

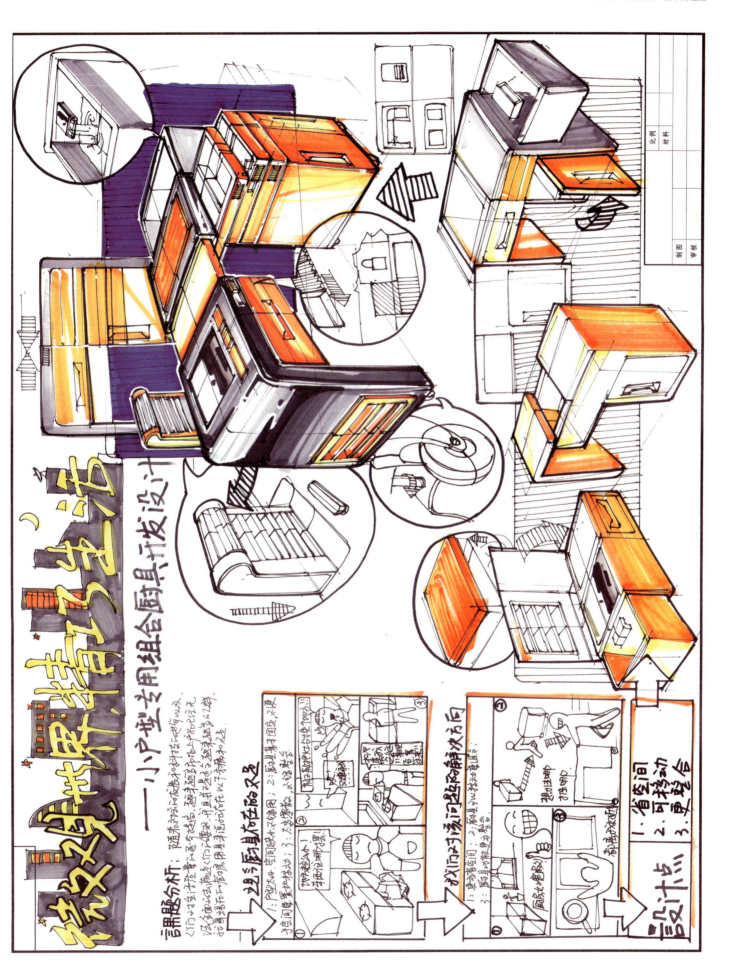

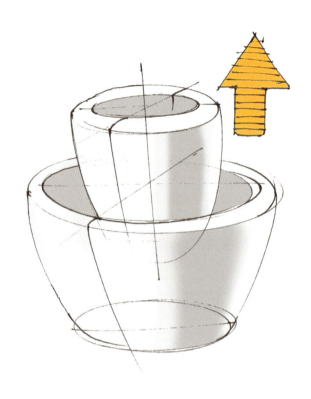

🔶 子母结构

　　现在的市面上有一些家具就是子母结构的产品，比如说组合式家具，组合在一起是一张桌子，但是把其中的一些可活动的结构拿出来后便是一个座椅。在考场上也可以在我们的设计方案中采用这种结构。

　　优点：非常富有变化，产品形态多变，可提供很多可以刻画的角度，并且表现难度低。

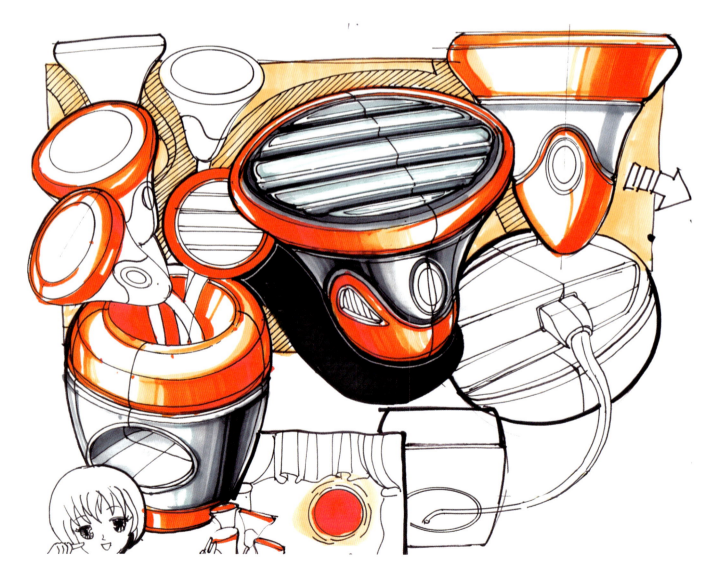

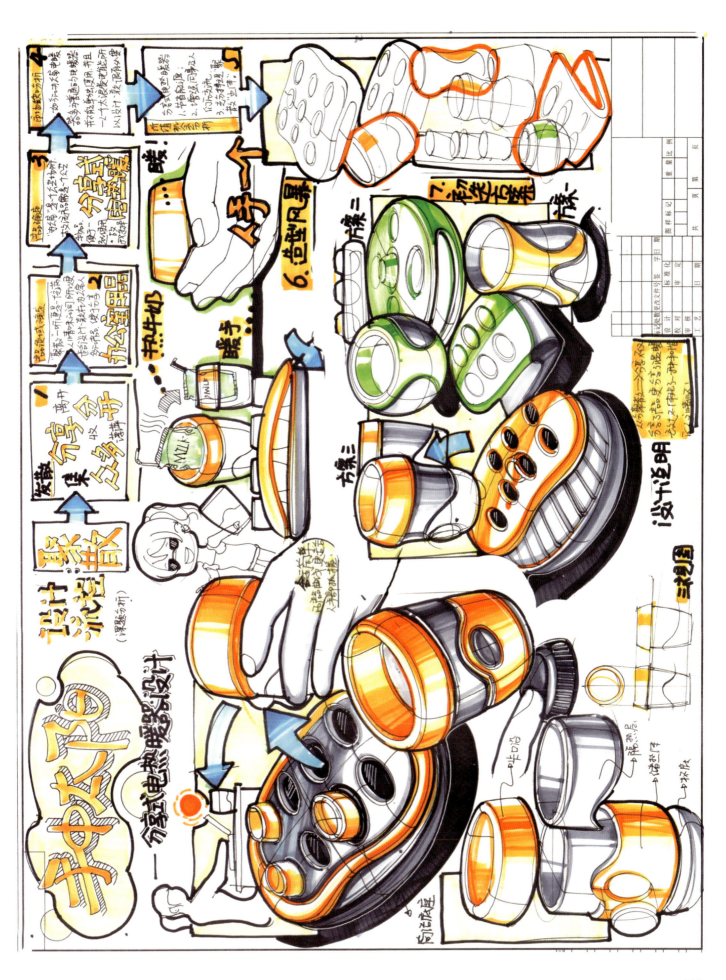

2.4 最高效的思路——从功能入手

　　在考场上构思产品造型时，除了造型和结构两个方面，我们还可以从功能入手。当大家看到"从功能入手"这句话的时候不免会想说："这个范围也太广了吧！"是的，没错！这个范围的确很广，但是我们可以从其中一个点来切入—功能整合。顾名思义，功能整合就是将两个不同产品的功能合并到一个产品上，虽然听起来并不是很有创意，但是在考场那样紧张的氛围下，用这种方法还是非常有用的。因为它可以引导你的思维快速地发散、取舍和整合，然后演变出最终你想要的造型。

　　在这里得说一点，本书此章的内容为"如何解决脑中无造型"，设计出发点基本上都是单纯地为了得到一个产品造型，故最终的设计方案并非那么的全面。所以建议小伙伴在考场上实在是想不出造型的时候再去使用。如果当你拿到试题后，能够按照自己平时积累的设计方法得到一个很好的设计思路的话，那么就按照自己的步伐按部就班往下走。

　　下面我们就来看一些通过功能整合法而得到的方案造型。

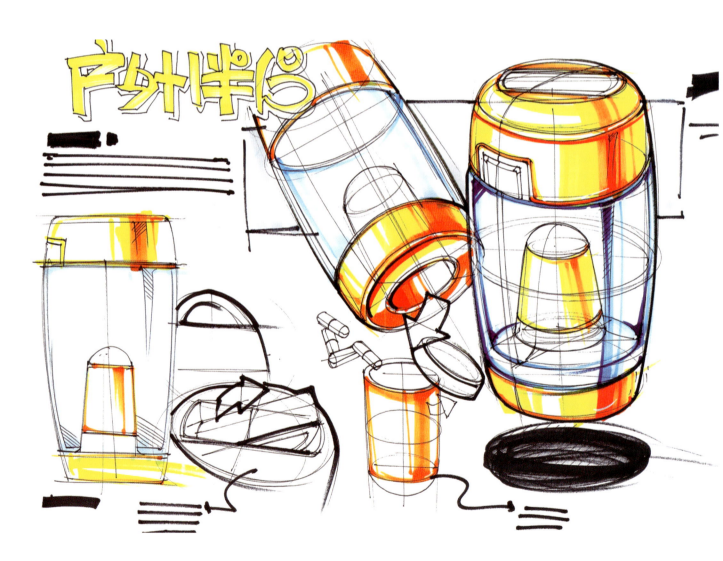

水杯+储药盒

110

旅行箱+冰箱

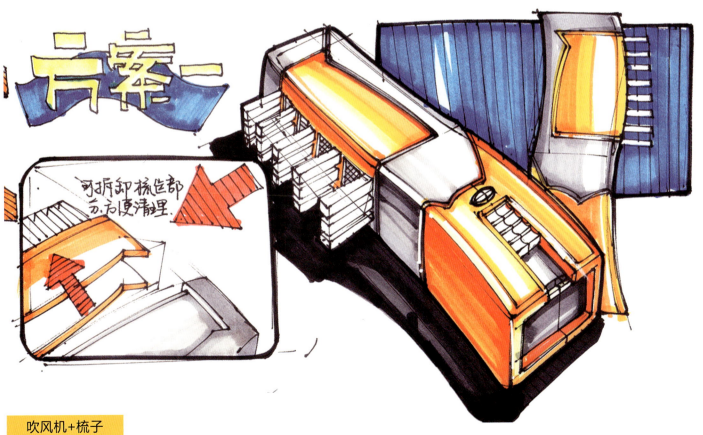

吹风机+梳子

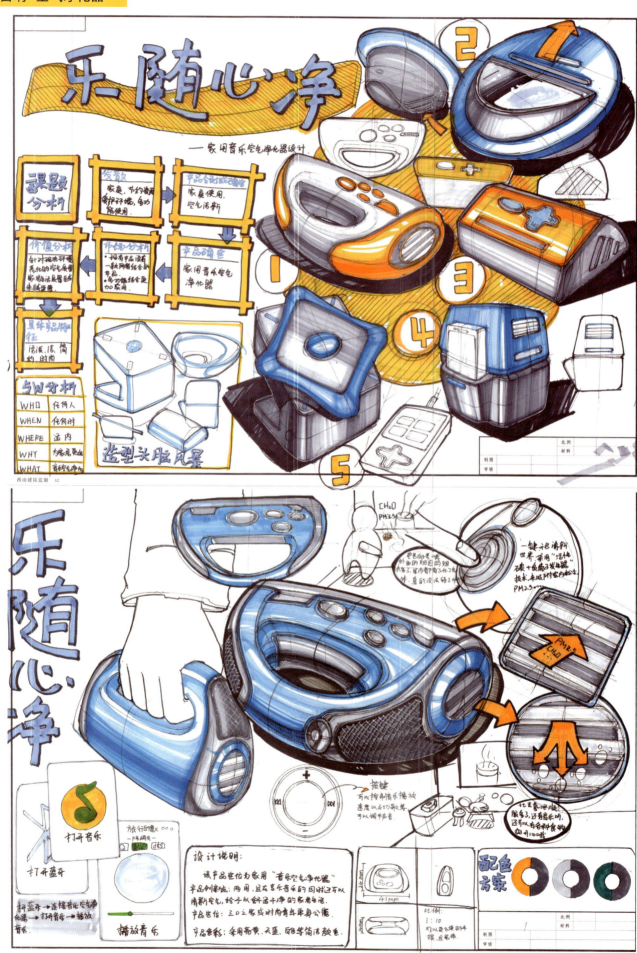

第五章　整体版面调整

　　本书前四章的内容都是将整个版面上的所有内容拆分成数个模块来进行分析描述的。但是如果不将它们和谐有序地组织在整体版面上的话，那么就会出现1+1+1＜3的局面。然而在这场战役中，我们要的却是1+1+1＞3的效果。如果我们想达到这种效果，就必须对试卷的整体版面有着熟练的把控度。

　　一张整体效果突出的卷面，肯定是由到位的主次虚实关系撑起来的。在一张完整的卷面中，主次节奏是存在于很多个对比关系之中的。比如说：主方案与初选方案的对比、主效果图和细节图的对比、图画部分与文字部分的对比、单个产品的主要部位和次要部位的对比等。

　　接下来我们就随着本章的内容来看一下整个版面该如何调整。

第1节　主效果图群的节奏感把握

如果我问大家一个问题：整个卷面上最吸引人的区域是哪一块？可能很多小伙伴都会说是主方案。其实我想说你们只答对了一半，正确的答案应该是"主方案群"。所谓的"主方案群"就是指在整个卷面上由主方案的第一视角效果图、第二视角效果图、细节图、情景使用图所组成的一片区域。之所以说它是最突出的区域是因为这块区域集中的全是重要信息。其中存在着众多元素之间的对比关系，比如说主方案的第一视角和第二视角、细节图和情景使用图、第二视角和细节图等。所以在本节的内容中，我们主要来分析一下"主效果图群"中各元素的重要程度。

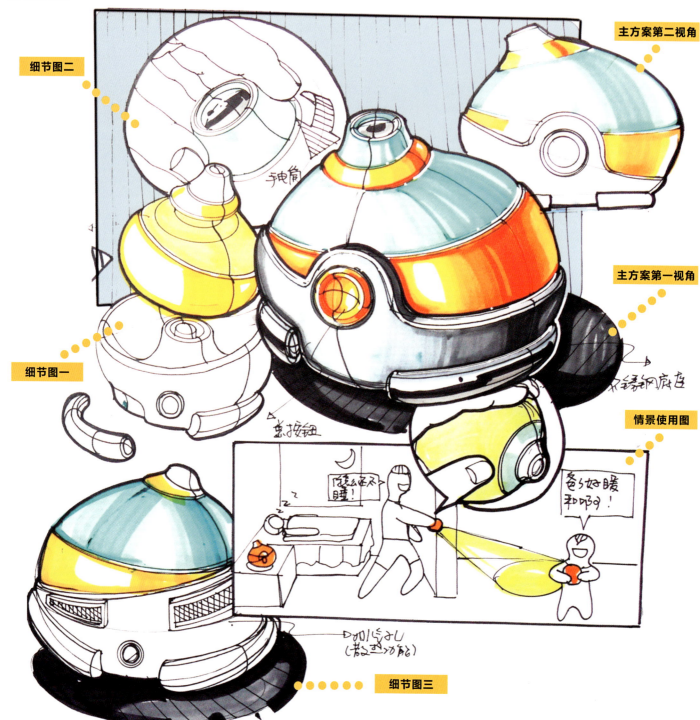

1. 主方案的第一视角永远是最重要的，无论是线稿还是上色一定要保证它是被刻画得最充分的。第二视角和第三视角在正常情况下的作用就是对主方案被隐藏的造型的补充，所以刻画得不用过于精细，在线稿已经把需要交代的内容交代清楚的情况下甚至可以不用上色；

2. 在主方案周围一定要保证有2至3个细节图，并且要确保其中一个细节图的刻画要超过第二视角，成为整个主效果图群中重要性仅次于主方案第一视角的元素，其他几个细节图则可以点到为止；

3. 情景使用图是当阅卷老师对你方案产生兴趣后才会去阅读的，所以在时间有限的情况下不用对其过分润色。因为其所占的很大的面积决定了它必然不会被其他元素"吞没"。

第2节　整体版面的节奏感把握

对于整体版面效果来说，有一个词是非常重要的—节奏感。它是决定你整个版面最终效果的重要因素。那么一个充满节奏感的卷面又是怎么形成的呢？首先，我们得确保整个卷面各模块的面积比例适中；其次，还得确保它们所在的位置也非常妥当。

2.1　各模块的面积比例

关于整体卷面上各模块的面积比例，请大家注意以下几点：

1.无论你考试的纸张面积是多大，你都要确保主效果图群的面积占整个版面面积的二分之一左右。而主方案的两个视角图的面积加在一起最低要占主效果图群面积的二分之一左右，也就是占整个版面的四分之一左右，其他的区域则用来画三视图、情境使用图等。

2.初选方案的面积最好占整个版面的四分之一左右；

3.标题加课题分析最好可以占整个版面的四分之一左右，其中标题的面积要根据课题分析的需要进行缩小或者放大，但也要在一定程度上确保标题的突出。

2.2 各模块的位置确定

几乎每个小伙伴都会考虑每个模块应该放在哪，其实这个问题并没有一个标准的答案，因为每个人的视觉习惯都不一样，但是我们有一些基本的准则还是需要大家去注意的。

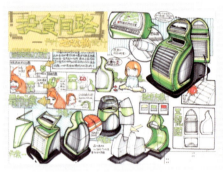

标题和课题分析

首先我们一定要确保标题的位置突出显眼；其次由于标题和课题分析是整个版面所有元素中"打头阵"者，所以尽量将其放在整个卷面的上半部分，这样比较符合人们的阅读习惯。

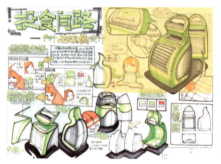

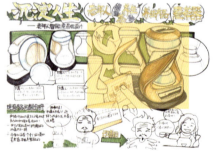

主方案

关于主方案的位置，首先我们得确保它处于整个版面的中上部分，否则整个版面的重心会被它拉得很低，十分影响人们在看整幅画时的视觉感受；其次尽量避免主方案处于整个卷面正中心，不然会显得整个画面非常呆板。只要大家遵循了以上两点便可，具体位置可依情况来确定。

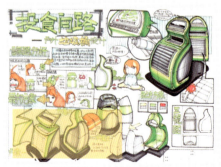

初选方案

其实当你确定了主方案和标题以及课题分析的位置后，初选方案该放在哪，你心中自然有数了。对于初选方案的位置只有一点建议：尽量让几个初选方案聚集在一起，并且离主方案不要太远，但又要留一定的间隙。

第3节　不同幅面要求的卷面呈现

3.1　A3幅面要求的卷面

在每年研究生入学考试中，会有很多学校提供的作画试卷纸张为A3幅面，然后规定你在有限的时间内完成2—5张的设计手稿。比如说同济大学、湖南大学、上海交通大学、浙江大学、天津大学等。由于A3纸张较小且要完成若干张，所以我们在绘画时需要充分保证几张卷面的整体连贯性，以免让阅卷老师在审查你的试卷的同时感到脱节。下面我们就针对A3纸张的作画要求，给大家提出一点意见。

1．在作画前，一定要理清自己的设计思路，找到要着重表现的模块，以便于整套卷面节奏感的把握；
2．建议第一张一定要表明课题分析和设计出发点，这样会给阅卷老师一定的引导性；
3．若是纸张在三张以下，建议第二张主要呈现设计风暴和初选方案；
4．尽量保证对主方案及其细节的刻画保持在一张或者一张以上。

A3幅面试卷范例

第一张：设计思路和前期造型风暴的呈现

在第一张的卷面内容中，我们可以将标题、课题分析及造型前期风暴全部集中在一起。首先，我们根据题目进行分析和思维发散，并通过文字和漫画的形式将自己的设计思路可视化，然后再根据设计要求发散出若干个产品造型风暴图。

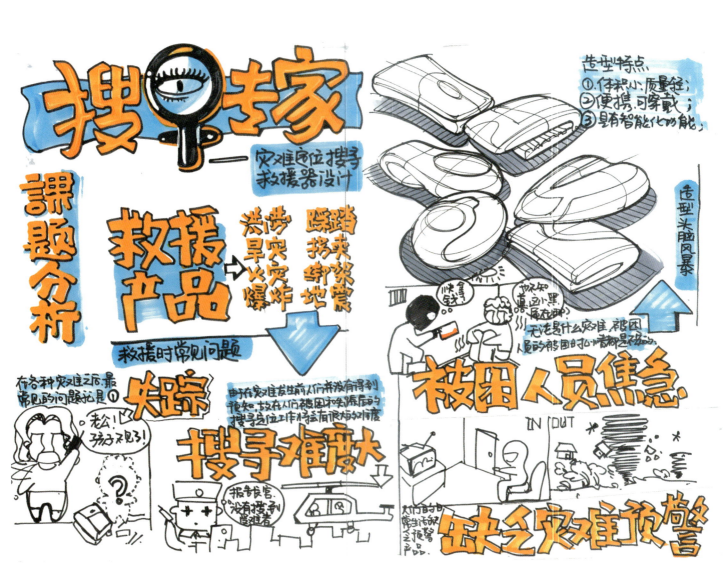

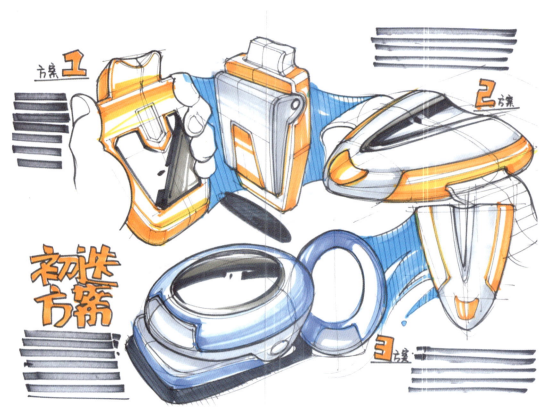

第二张：初选方案介绍

由于初选方案是整个
设计流程中必不可少的一
部分，且初选方案的数量
肯定不止一个，故为了避
免画面琐碎，我们可以将
它们集中在第二张中，以
确保整套卷子中各模块的
内容更加清楚明了。

第三张：最终方案的刻画

主方案的刻画是整套
卷子中最重要的部分，所
以我们可以用一张甚至更
多的幅面来表达它。在刻
画完产品的造型之外，我
们还需要将三视图、情景
使用图、操作方式等主要
内容集中在一起去呈现出
来。

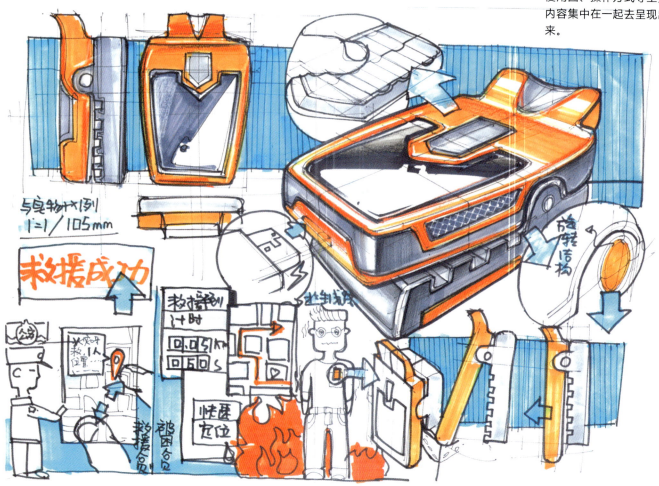

3.2 单张A2（4K）幅面要求的卷面

在设计表达的考试中，最常遇到的就是A2版面的纸张，比如说江南大学、北京理工大学、华东理工大学、北京林业大学、中国矿业大学等高校。由于A2纸张的幅面是比较大的，而且我们需要将各模块的内容很有逻辑地排在一起，所以有一定的难度。在本书前面的内容中，我们已经提到了很多在A2纸张上绘制设计手稿的技巧，下面我们就再针对A2纸张的作画要求，提出一些总结性的意见。

1．充分保证整体卷面的整体节奏感，不要过满，也不要过空；

2．一定要突出主方案，确保其主要地位；

3．不要用过多的色彩，以免画面太花；

4．建议在作画前先安排好各模块的位置及大小比例。

单张A2幅面试卷范例

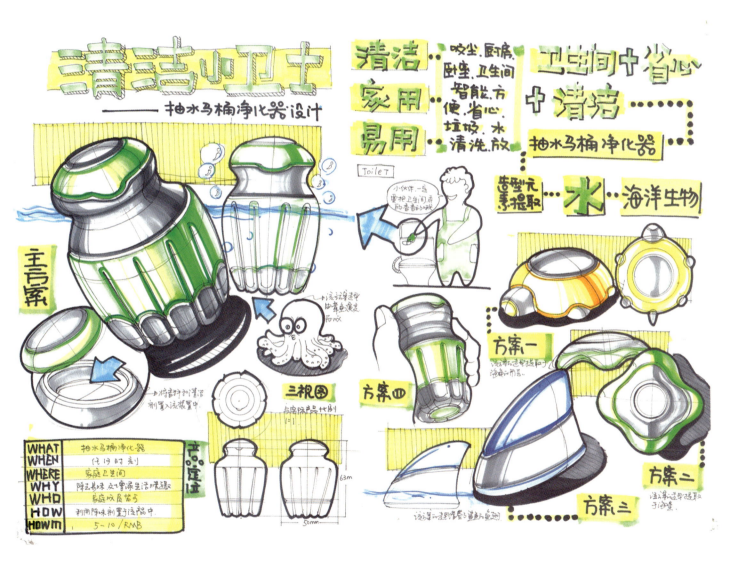

上面这一张手绘设计图就是一张很优秀的A2试卷。首先，我们很容易就可以看见主方案群，同时也保证了主方案的效果图在整个卷子中处于非常显眼且突出的位置；其次在卷面的右半部分，我们还可以很清晰地获取到四个由不同水生动物演变而成的初选方案的信息；最后，这张卷子最突出的优点就是高度的统一性。"仿生"的设计元素贯穿了整张卷面的内容，从课题分析的思维发散，到初选方案的演变，以及到最终方案的确定，各个效果图都体现出了"仿生"二字，所以最终的效果是非常不错的。

3.3 两张A2（4K）幅面要求的卷面

在清华大学和一些其他院校的设计表达考试中，校方所提供的纸张为两张A2（4K）幅面的纸张。一般这样的院校都会要求考生画出4—6个初选方案，同时考试时间也都在3小时以上。故纸张幅面的大小也随着画面内容的增加而变得更大。在应对此类纸张要求的考试时，我们需要注意以下几点。

1. 把控好时间，以确保两张卷子的最终效果都很出众；

2. 内容较多，避免画面过于琐碎；

3. 得在一定程度上保证主方案所在卷面内容丰富且主次分明。

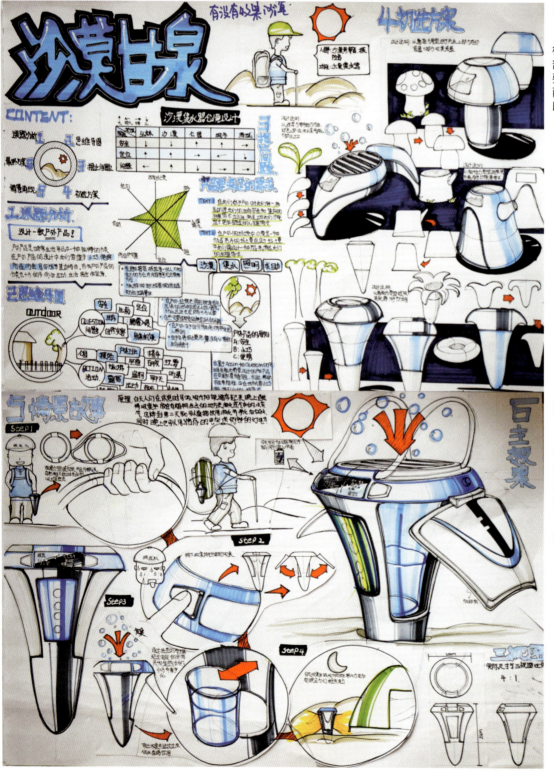

第一张内容

我们可以将标题、课题分析、思维导图以及初选方案全部集中在第一张卷面中。同时要安排好课题分析和初选方案两个模块之间的比例和位置，以避免画面变得杂乱和琐碎。

第二张内容

由于纸张幅面较大，故我们在刻画主方案的效果图时，需要适当地放大，以确保其突出。同时也需要增大情景使用图和一些其他的细节信息图所占的面积，以增强整个设计方案的可读性。

3.4 A1幅面纸张要求的绘图技巧

在设计表达这一科目的考试中，有很多学生会在部分招生院校的考场上拿到A1幅面的绘图试卷纸，比如武汉理工大学、河北工业大学、南京工业大学等。与之前所提到的A2、A3幅面的纸张相比，A1纸张就显得非常大了，同时这也意味着我们需要绘制更多的内容在卷面上，比如说更全面的设计演变图、细节操作图等。下面我们就针对A1纸张的绘图考试，给大家提出一点意见。

1. 扩大前期设计流程图在卷面上所占的比例；
2. 丰富对主方案的刻画，通过更深入更全面的手段让其更为出彩，以免纸张过大而使画面缺乏视觉中心点；
3. 初选方案需要适当深入刻画，以避免设计流程的脱节；
4. 建议在作画前先安排好各模块的位置及大小比例，画面布局不要过满，注意整体画面的节奏感。

单张A1幅面试卷范例

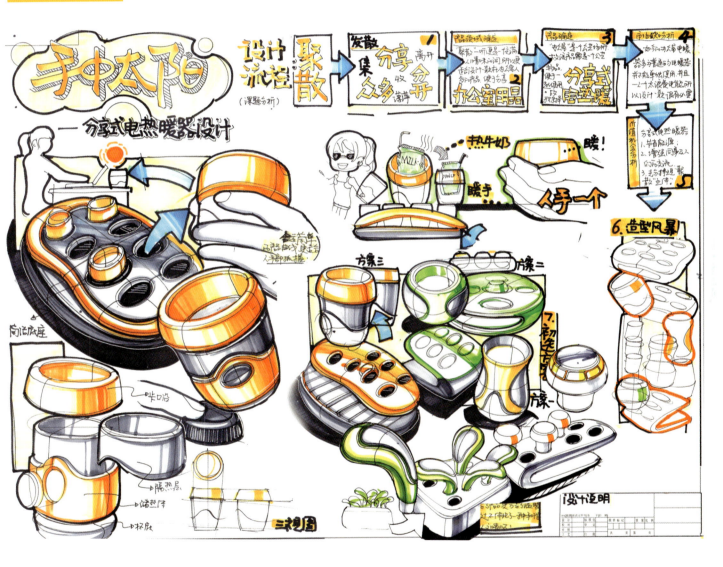

上图是一张A1幅面的设计快题范例，其中有很多值得我们去学习借鉴的地方。首先，整个卷面中包含非常多的设计元素，比如说主方案效果图、爆炸图、情景使用图、五个初选方案、课题分析、造型前期风暴等很多的产品信息，作者对于各模块之间的比例和位置还是把握得非常好的，各模块之间的划分也非常清晰且有很强的逻辑性；其次，作者对最终方案的刻画非常全面，不仅表达出了该产品在不同情况下的使用状态，还通过情景使用图和爆炸图等图示把该产品的信息深入得更加具体。

两张A2幅面设计快题优秀案例

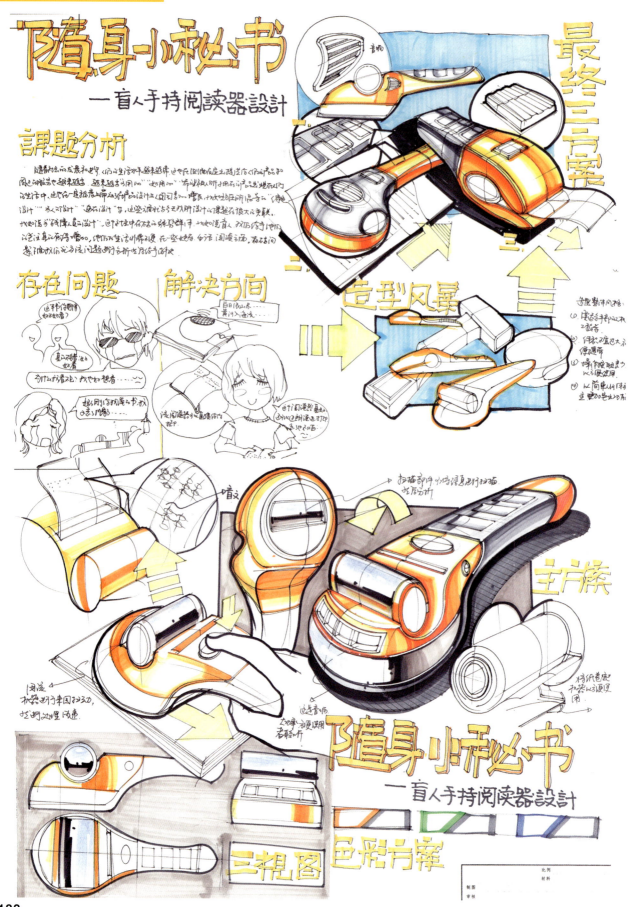

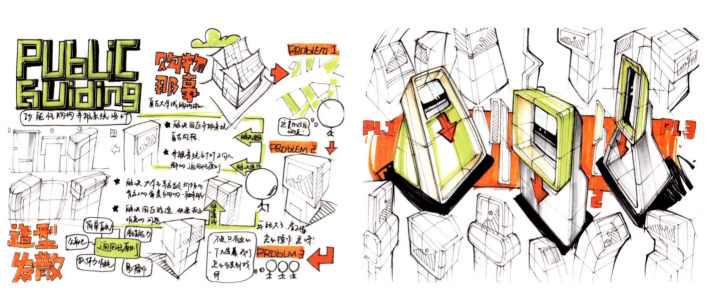

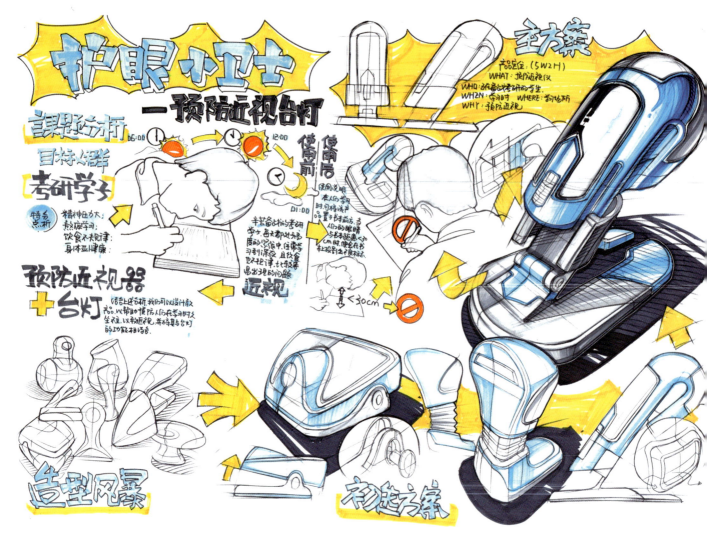

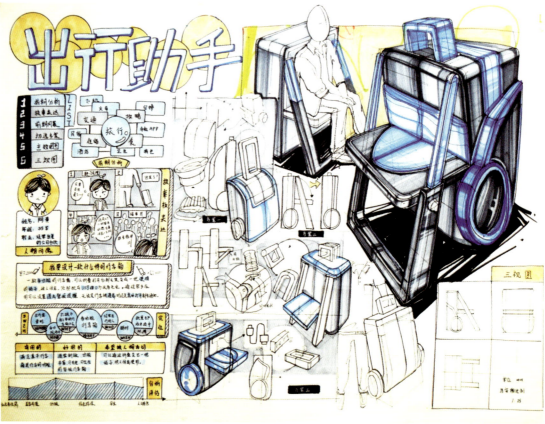

第六章　五分钟快速确定方案

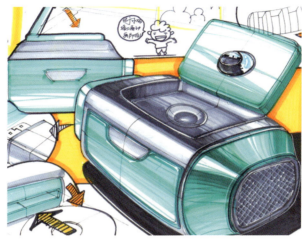

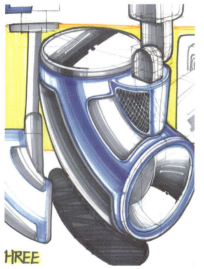

在书的前半部分我们提到过，在考试中最可怕的事情并不是无法表达出自己脑海中的想法，而是当你拿到试题后，大脑一片空白，绞尽脑汁也不知道该画什么。如果遇到这样的状况，想在三个小时内表达出一套合理且灵巧的设计方案便是一件很困难的事情了。

针对上述问题，所以才有了本章的内容，用来帮助大家在有限的考试时间里快速地理清思路并确定方案。

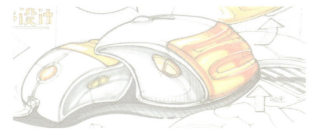

第1节 快速确定设计关键词

　　在考试中，一般都是要求我们在三个小时内设计出一套完整的设计方案，这个时间无疑是比较紧张的。此时，有一点是需要我们特别注意的：切记不要像一只无头苍蝇一样来回乱撞，东戳一笔，西捣一下。在我们拿到试题后，一定要保持冷静，理清自己的设计思路，然后明确自己的设计方向并搭建好设计框架，最终快速地确定自己的设计关键词。

　　设计关键词，就是你整张试卷的"灵魂"，无论你的课题分析、初选方案，还是主方案都是在围绕着你的关键词来发散展开的，所以它非常的重要。下面我们就来列举一些在考试中可能会遇到和使用到的设计关键词。

结构类关键词：合并、包裹、环保、切割、子母、连接、凹凸、合并、切割、开合、抽拉、旋转、拼合、叠加、契合等。
形态类关键词：绽放、简约、风、水、火、石、大地、天空、云朵、冰、流动、缠绕、燃烧、尖锐、灵动、植物、动物等。
概念类关键词：分享、关爱、便捷、给予、改变、智能、高效、节约、生态、交流、情趣、源头、再生、循环、轮回、和谐、循环、安全、平衡、怀旧、时光、舒适、回忆、乡愁、传承等。

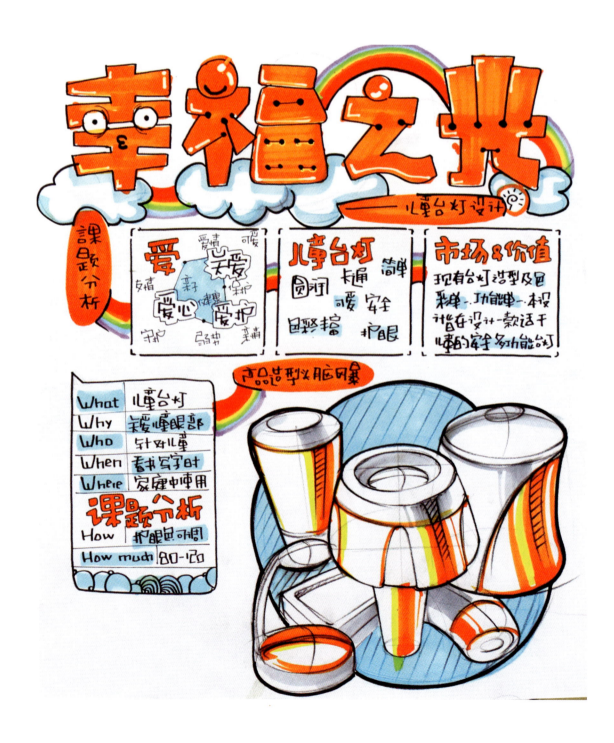

第2节　快速掌握"八大类别"产品

　　在本书前半部分的内容中，有很多方法是来帮助大家在短时间内快速想出产品造型的，但是不难看出，其中有很多方法都有"临时抱佛脚"之嫌。所以在这里提醒大家，若想真的以完全轻松自如的状态来应对考试的话，还是必须多积累一些素材和经验，比如说优秀的创意点、成熟的造型、合适的材质、严谨的加工方法等信息。

　　在这里，绘友工作室将可能在考题中出现的产品进行了一个归纳整理，且将它们分成了下面8 个大的产品类别，并在本章中对其进行逐一分析，以便帮助大家更为高效快速地掌握各类产品在考试中该如何定位和表现 。

特殊定位产品

灾难救援产品

智能、交互产品

资源、生态、节能产品

日常家居生活用品

户外、运动产品

几何图形演变及仿生造型

大型产品及公共设施

特殊使用人群

作为工业设计师，与其说我们在设计一款产品，还不如说我们是在设计一种服务，而服务的对象基本上都是我们这个群体——人类。同时人类也可以通过不同的特征被区分成很多不同的群体。比如说我们可以按照年龄将人区分为：儿童、青年、老人；可以通过性别将人区分成：男人、女人。

所以在考试中我们很可能会遇到一个给你指定服务对象的试题，并且就算试题中没有做出指定，我们也可以通过先确定产品的使用人群，再来确定大体的设计方向。

本节谨记：在我们确定使用人群的时候，最好能有独到的视角，尽可能避开那些大家都能一秒钟想到的信息。

1：老人：空巢老人、多病老人、老年痴呆症患者（行动不便、口齿不流利、听力视力下降、心理孤独、对科技不明感、健忘、体弱多病）。

2：未成年人：婴儿、幼童、少年、青少年（天真、逆反、缺乏判断力、容易被引导、需要温暖、渴望独立自由、安全意识薄弱）、（奶嘴、玩具、远程看护、健康状况、保护、婴儿车、水杯、勺子、预防近视、储蓄罐、复试器、GPRS/SOS、好习惯引导、节约、生活自理、爱护环境、饮食习惯、改掉陋习）。

3：残疾人士以及各类患者：心脏病、盲人、聋人、哑巴、四肢残缺、艾滋病、心脏病、高血压（不仅保证他们的身体安全，还要考虑到他们的心理感受）、有传染病的人。

4：小众人群：文盲、挑食的人、刚毕业步入社会的大学生、蜗居者、月光族、不爱运动的人、注重养生的人、温室花朵、手机党、抑郁症、不注意卫生的人、没有节约的好习惯的人、健忘的人、不爱学习的人、有洁癖的人、不遵守交通规则的人、异地情侣、经常加班熬夜的人、上晚班的人、高三考研学生党、与父母同住的夫妻、很多孩子的家庭、经期女生。

特殊场所：公共场所：办公室、公园、商场、教室、马路、医院、会议室。
　　　　　私人场所：户外野炊。
特殊时间：上班时间、会议时间、开车时、夜晚。
特殊对象：团体、宠物（自动喂食、咬合力测试、健康状况测试）。

产品案例

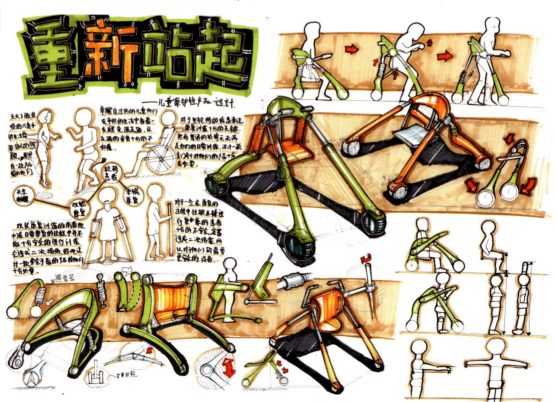

特殊使用地点、时间及对象

在进行设计活动时，我们不仅可以在目标人群上重新定位和划分，也可以在产品使用时间以及使用地点上下一定的功夫。甚至我们可以不用将产品的使用对象仅仅限于人类，也可以是动物、植物等，比如说宠物自动喂食器，因为这样的产品定位可以在考试中向阅卷老师快速地体现出你独到的视角。

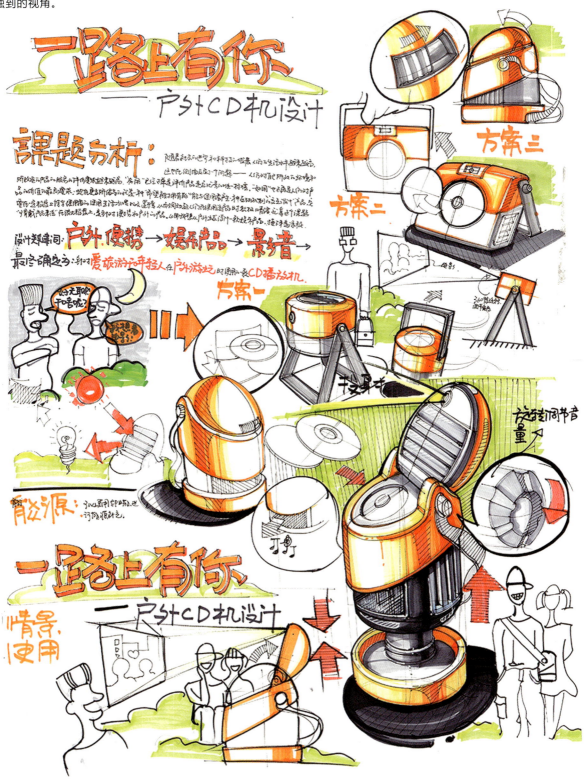

我们可以通过上图的样卷得到下面这些信息：1. 这是一款在户外使用的影音播放器；2. 它是一个很便携的产品；3. 它体积小巧但是功能强大。

如果在考试中，试题是让我们设计一款影音播放器的话，那么这样一个户外专用的地点定位将会比一个普通的播放器显得更为突出，它会把你的设计思路展现得更加细致和独到，会对分数的提高有一个很大的帮助。

2.2 灾难救援产品

在本书8个产品类别中，灾难救援产品是针对性最强且方向最明确的一个类别。且关于这个类别我们也不用做过多的介绍。

生活中充满了各种意外，一些天灾人祸的发生是我们无法彻底避免的，但我们可以通过一些产品和装置去尽可能地预防和弥补。因此在考试中遇到此类别产品的可能性还是非常大的，所以我们在这里单独做了此模块来进行讲解。

火灾：报警器、面罩、搜寻器、灭火器。

洪灾：搜寻器、抢救器、浮力装置（救生艇、救生圈）等。

地震：搜救、测量、心理安慰、净水器、食物储备盒、逃生指南、物资传输。

突发疾病：报警器、测量仪、救援指南、自助求救、治疗仪、储药装置。

触电：安全插座。

煤气中毒（报警、面罩、救援）、高处坠落□APP、报警器□、踩踏事件、女大学生及儿童拐卖。

右图是一张非常优秀的灾难救援产品的快题设计稿。球状的产品造型非常小巧，不仅适合携带，还非常便于在危机情况下，救援人员将其投掷于受灾区域中进行照明搜救等工作。

从卷面表达上来看，该学员将产品的爆炸图作为了卷面的主效果图，并围绕着它刻画大量的情景使用图、功能细节图等。整个设计方案的可读性非常强，并且卷面效果完整到位。

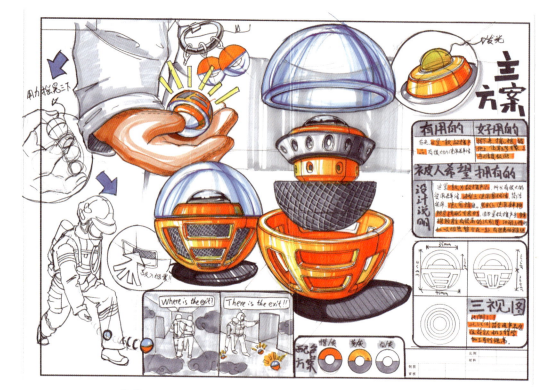

很多人可能会有一个疑问：为什么这样一个安全插座的设计方案会出现在灾难救援产品的这个类别里。

其实当我们遇到一个设计灾难救援产品的课题时，不要总是想着从灾后救援这个方向入手，我们可以换一个更为合理的角度——灾前预防。最典型的案例就是装在天花板上的火灾报警器。经过这样的分析，该安全插座的方案出现在这个模块中便不足为奇了。

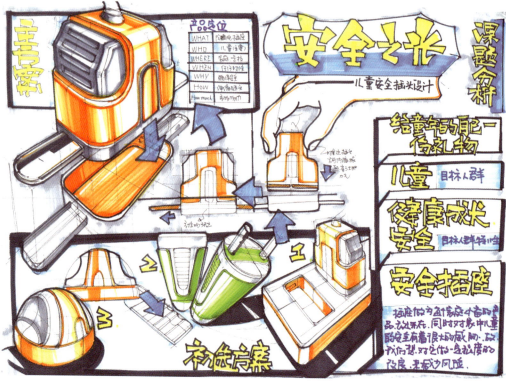

2.3　智能、交互产品

　　现如今很多高校都会在专业设计的考题中提到"智能"、"交互"这样的字眼，这是一个很必然的现象。正如前面所说的，越来越多的移动终端都出现在了我们的生活中，所以注重设计与使用者的交互性、大量信息的快速集合化等方面是很正常且必要的。

　　不过大家也不用特别紧张，由于交互设计是一个非常复杂和系统的学科，所以考试不会让你在三个小时内完成一套特别专业的交互系统设计，我们只需要将自己的想法表达出来即可。

智能交互产品（搜索、下载、上传、共享、论坛、讨论、分析、交友）
定位：旅游、节省时间、提供方案、健康状况、烹饪、采购、交易、交友、学习、养殖、预测、提醒、沟通、节源、生活

注册（个人信息、年龄、性别、学历、爱好）➡ 登录（多账号）➡ 搜索（按类别、人群、年龄、年份、首页推送）➡ 公共社区（朋友圈、论坛、贴吧）➡ 收藏 ➡ 分享（上传、推送）➡ 交友（聊天、留言、注重隐私）➡ 开展活动全息投影

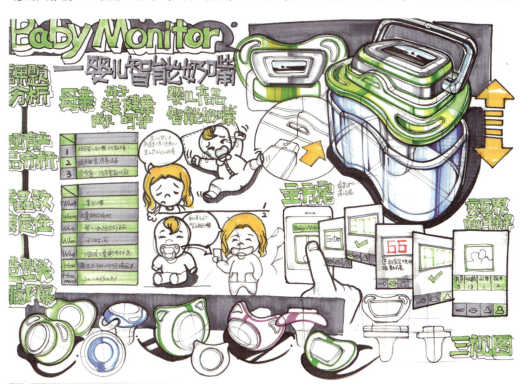

　　这是一款婴幼儿智能奶嘴，它会通过婴幼儿的吮吸测量出宝贝的体温、吮吸强度、口渴程度等信息。然后父母可以通过安装在手机上的APP来查看孩子的这些信息，并可以分享到论坛，和其他的父母及医生进行交流和沟通。

　　卷面中所刻画的是一款陪伴宠物的智能陪伴摄像头。作者通过一系列的图示表达出了主人可以通过异地终端来与家中的宠物进行嬉戏玩耍。整个方案充满了人文关怀性。"宠物陪伴器"的产品定位非常巧妙，会给整个卷面增分不少。而且产品的造型也非常可爱童趣，色彩的搭配也很活泼，最终的卷面效果还是非常优秀的。

2.4 资源、生态、节能产品

　　保护生态、节约资源将会是一个永远不会过时的话题。因为环境、资源是我们人类赖以生存的基本条件，所以节能、环保产品是我们设计师必须有所研究和了解的领域，它对我们整个社会来说有着非常重要的意义。
　　我们在设计环保产品之前有一项工作是必须要做的，那就是多留心身边的人、环境所存在的问题，以及对未来生活的思考。

资源生态产品（节源、环保、治理）
资源：
1.水（水龙头、淋浴、饮水机、器皿厨卫节水系统、洗涤工具、控制水量、减少污染、二次利用、充分汲取、净水装置）
2.热（暖气、厨具、电饭煲、保温、太阳冷、温酒器、同时利用热能）
3.电（控电装置、储电、充电设备）
4.动植物（隐喻仿生的手法、笔筒、时钟、牙签盒、猎杀）
5.物品（纸张再生碎纸机、铅笔木屑合成器、饮料瓶加湿器等、肥皂、沐浴液）
6.空间（模块化家具、开合结构、小型产品充分使用）
7.时间（增强效率、APP、钟表、计时器、规划器、预防迟到）
8.食物（控制量、保鲜保质）
环保：
1.雾霾（空气净化器、粉尘和焚烧灰尘凝结器、防毒面罩）
2.垃圾（处理、分类、防止垃圾再次污染）
3.污水（净水、储备再利用）

　　众所周知，国内这两年有一个非常严重的环境问题，那就是雾霾。所以像右侧这样一张考卷，绝对会得到一个非常可观的分数。抛开造型、技术支持等方面，单从作者的视角上来看，这个出发点便是非常具有社会责任感的，所以这张室外雾霾净化器的方案的立意还是非常有新意且视角独到的。

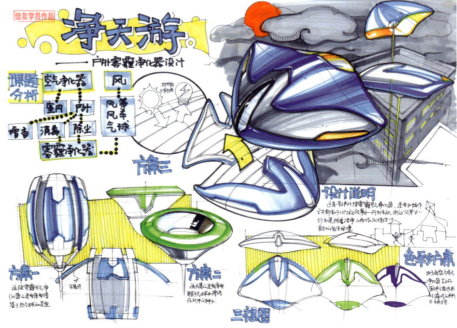

　　环保是本模块的一个重要组成部分，同时资源的节约和充分利用也是其非常重要的组成部分。就如右边的这张快题范例。图中刻画的是一款办公室用的空调。这款概念式空调方案的设计亮点在于，作者将"模块化"的设计理念融入该卷面中。人们可以将每一个单独的小空调组合成一个大型空调，以满足人多的时候进行大面积的取暖。也可以在单人使用时只取其中一个进行取暖，大大减轻对电能的消耗，非常具有社会责任感。

2.5　日常家居生活用品

　　在本章八个产品类别中，本类别是最为贴近生活的，但包含的产品也是最为广泛且繁琐的。因为在我们日常生活中会使用到的产品非常多，比如说清洁用具、厨房用具、卧室用具、办公用品、家具等。然而在我们设计或者改良这一类产品的时候，有一点是需要我们注意的，因为越是普通常见的东西，我们就越难进行更为巧妙的创新。因为对于无处不在的它们，我们见得太多且过于熟悉，在脑海中对它们形成了一个固定的认知模式，所以我们在考试中想进行自主创新的话会具有一定的难度。接下来我们就来对它们进行一个整体的划分和归纳。

日常家居生活用品
清洁洗化用具：洗衣机（公共、私人、局部）、洗碗机、洗水果、洗拖把、污水收集、洗杯子、洗马桶、空气净化、水净化、高端物品洗涤器、扫把、水龙头、消毒器、除螨器、烘干器（衣物、鞋子）、马桶、淋浴、肥皂、浴缸、脸盆、吹风机、梳子、衣架、加湿器、垃圾桶收纳盒、茶壶、熨斗、吸尘器、浇水的壶、马桶、除虫器
厨具：炉、锅、电饭煲、抽油烟机、冰箱、调味瓶、蒸煮器、打蛋器、钟表、勺子、刀具、菜板、厨房专用垃圾桶、天然气报警器、水龙头、微波炉、情趣厨具、保温盒
办公产品：花盆、插座、文件夹、书签、购物篮、音箱、电风扇、手电筒、台灯、订书机、闹钟、播放器、摄像头、鼠标、笔筒、灯具、咖啡机、饮水机、电脑周边、卷笔刀、移动硬盘、U盘、数据线接头、电脑主机、剪刀
装饰品：花瓶、摆件、香台、相框、显示器

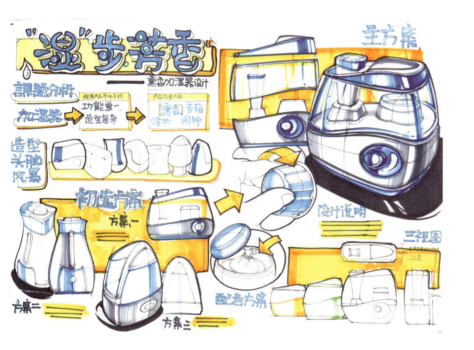

　　这一款加湿器设计方案是采用了一个比较简单的方法——功能添加，进行了改良。可以看出作者在加湿器原本的功能基础上添加了香熏功能，这无疑也是一个非常可取的思维方向。

　　（谨记：要在仔细斟酌后选择性地去对产品进行功能添加。）

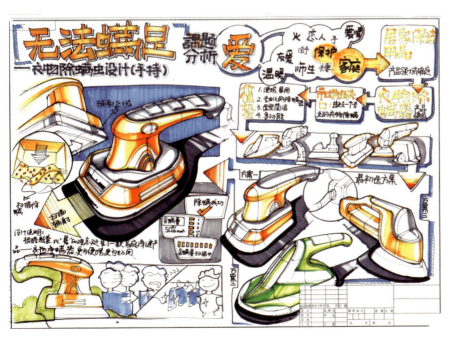

　　这是一张卷面结构十分清晰合理的快题样卷，整个设计流程在卷面中呈现得非常清晰，从标题到关键词的确定，再到课题分析和造型头脑风暴的推敲，以及最后的初选方案和主方案群的呈现，整体非常流畅且严谨。主方案群的刻画也非常全面，同时可读性也非常强。

　　从产品定位上来说，除螨器这一产品也是非常独特的，大大体现出了作者对日常生活中所出现的问题的留意，非常值得大家借鉴。

2.6　户外、运动产品

随着现在的人们越来越注重自身锻炼，这几年各大高校的考研试题中，保健、运动产品便慢慢兴起了。

其实这一类产品的特征还是比较明显的，比如从色彩上可能会更明快，造型上更为硬朗，并且还要注重一定的安全性。大家在构思此类产品的时候，一定要先明确是针对什么运动及场所，方能让你的设计方案针对性更强。

户外运动产品（便携、小体积、折叠、伸缩）

旅行箱、自行车、手电筒、五金工具、打气筒、座椅、夜光环、手推车、简易储物柜、代步工具、野营灯、烧烤架、锅、水杯、户外冰箱、旅行用品（洗化用品袋、背包、登山拐杖、水杯、夜跑装置、食具、投影仪、小音箱、电风扇、报警器、牙刷、伙伴搜寻器、旅行记录摄像头、自行车车灯、定时器、穿戴设备、测速、距离丈量器、药物收纳盒、牙刷、便当盒）

图中是一个户外滑雪记录仪的设计方案。作者从以下几个方面将其介绍得非常全面和到位。

从色彩上来看，它采用的是红色。首先红色非常便于产品遗失在雪地后进行搜寻找回；其次，鲜艳的红色会让人的视觉感受更为亢奋和激情。

从造型上来看，由于滑雪者大部分都是男性，所以其造型看起来更为硬朗，并带有一定的科技感。

从功能上来看，其不仅保证了记录仪的基本功能，还兼备了通讯工具的作用，在很大程度上保证了运动者在户外的安全性。

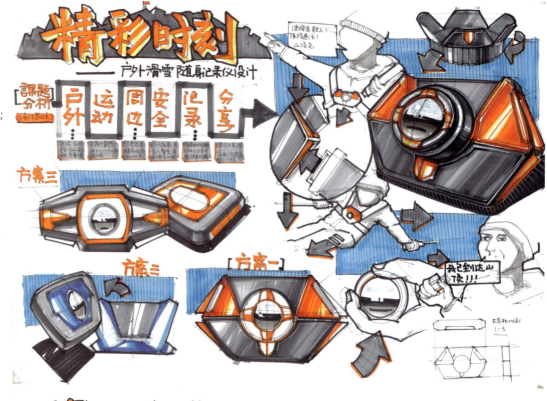

随着人们生活的压力越来越大，骑行、徒步旅行等活动慢慢地受到人们的欢迎。

图中这一款打气筒的设计方案便是针对这一户外运动所设计的。它将打气筒、手电筒、自行车车灯结合到一起，非常适合骑行爱好者去使用，因为它不仅体积较小方便携带，而且又满足很多基本的功能。

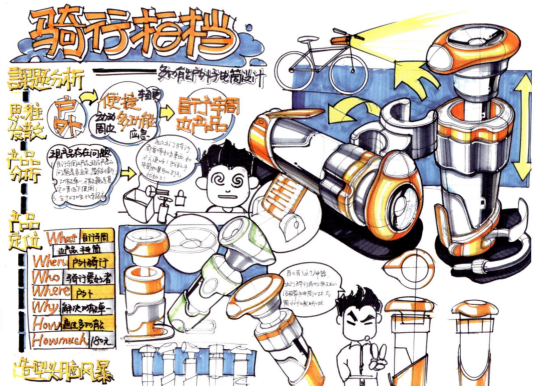

2.7 几何图形演变及仿生造型

这几年中，有一种题型是比较特别的，大概如下：校方会在试卷上展示出一些动植物的图片，然后让考生根据其形态特征用仿生法进行创作。

所谓的造型仿生法，简单点来说也就是在设计产品外观的时候，提取借鉴一些自然界中的动植物的整体或者局部的外形特征，来帮助产品造型达到一种自然、质朴且优美的效果。但是得注意一点：最好让你的产品和造型原型似像非像（大概百分之二十的相似度）。否则过于具象的话，就会把你的产品"公仔化"，这样就得不偿失了。下面让我们来参考一些具体案例。

几何图形演变及仿生造型（形态、生活习性）

立方体、圆柱、圆锥、圆台。

动物：鸟类、虫（软的、硬的）、两栖动物、爬行动物、哺乳动物、水生鱼类、海洋生物

植物：藤蔓、灌木、菌类、乔木、水生植物（浮萍类）、花朵（独花、团簇花朵）

自然现象：风（风帆、风筝、树枝摇曳、水波涟漪）

火：（色彩、形态、亮度、温度、烟）

水（线条、透明、柔美）

这是一张非常典型的仿生造型产品的快题设计。之所以作者在公共饮水机的造型中融入了蘑菇、水滴等植物的形态特点，是因为此款公共饮水机的设计定位为幼儿园产品，故在产品造型等方面需要更为活泼童趣并具有一定的亲和力。同时此款饮水机的设计点不单单只是在造型上采用仿生手法而已，并且在产品底部设计了一个存水的槽状结构。小朋友可以在槽中种植一些植物，并且可以将不能饮用的剩水倒入其中，起到一定的灌溉作用，不仅在幼儿园中倡导了节约合理用水的理念，还大大丰富了小朋友的课余生活。

2.8　大型产品及公共设施

其实在本章的八个产品类别中，本类别的产品是最容易受到考生忽略的。因为当我们说到设计产品时，大家的第一倾向都是设计那种体型较小的家居或者更为贴身一些的产品，所以在很大程度上便忽视了这一类体型较大的产品，比如说家具、路灯、公交车站等。

所以为了防止大家在考试的时候措手不及，绘友的教师团队便在本章末添加了这一产品类别，以供大家参考借鉴。

大型产品及公共设施：
公共产品：垃圾桶、清洁车、路灯、社区冰箱、充电桩、公交车站、指示牌、社区运动器械、粉尘处理器、发电器
大型家具：桌子、椅子、柜子、书架、床、暖气片
概念产品：潜水艇、飞行器、车

小区公共设施这样一个命题，在考试遇到还是有一点点难度的。大多数人首先想到的应该是健身器材、公共座椅等，但若想让自己的设计方案在众多试卷中更为突出，我们还是需要下一点功夫的。比如说右图中的社区公共购物冰箱这一方案，就非常有特点。它的具体使用方式如下：居民在上班时间可以通过异地终端在网上进行购物，在下单成功后，商家会让派送员进行货物的派送，然后居民可在下班后通过密码进行取货。这一设施非常方便，大大节省了人们的时间，并且新技术的融入大大体现出了该考生平常对于设计相关知识的积累。

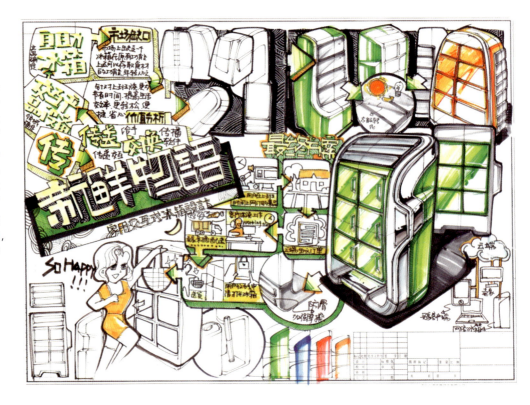

如果不进行解说，不知大家能否看出右图中刻画的产品是路灯。在我们的印象中，路灯一般都是固定的，并带有一定的冰冷感。其实不然。如果大家多多留心，现如今街边有很多路灯其实是非常具有设计感的。它们在不同的场所和地点，分别都体现出了不同的产品氛围及视觉效果。

就如图中的这一款路灯，作者将"和谐"作为了他的设计出发点。其通过仿生藤蔓、蘑菇等植物造型进行了创作。故整体卷面呈现出来的最终效果非常地出彩和独特，并且路灯的造型与周围环境融合得十分合适和巧妙。

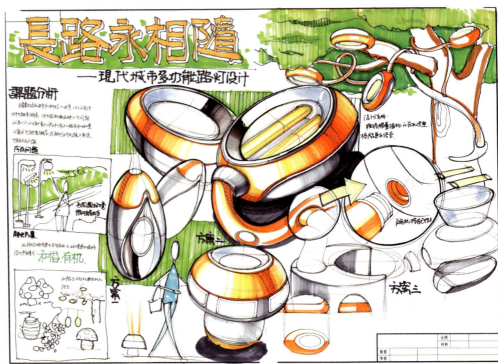

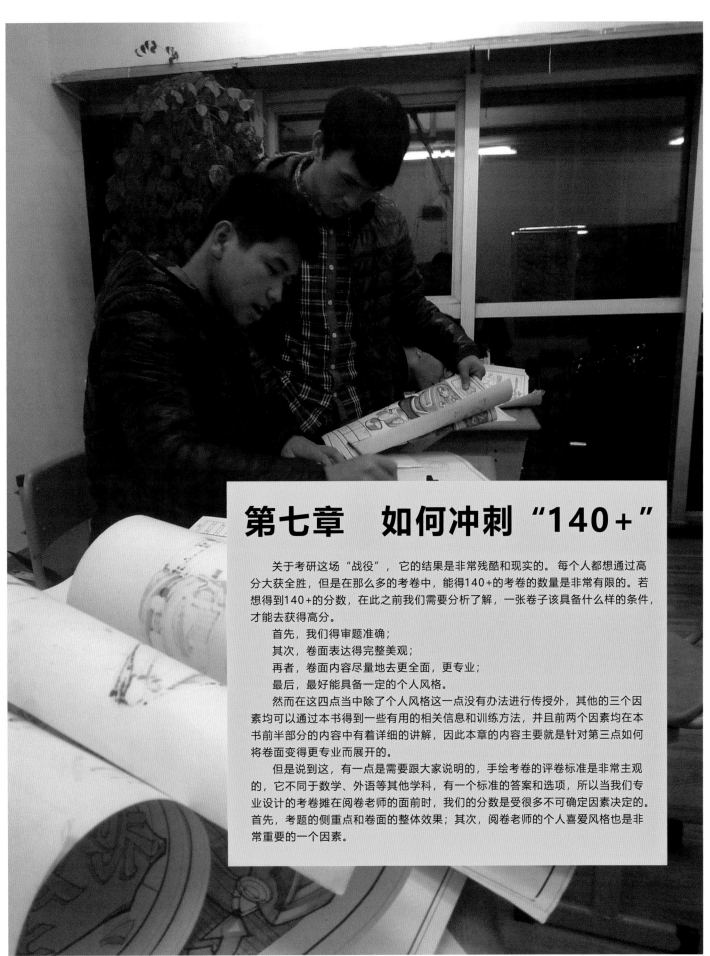

第七章　如何冲刺"140+"

关于考研这场"战役"，它的结果是非常残酷和现实的。每个人都想通过高分大获全胜，但是在那么多的考卷中，能得140+的考卷的数量是非常有限的。若想得到140+的分数，在此之前我们需要分析了解，一张卷子该具备什么样的条件，才能去获得高分。

首先，我们得审题准确；

其次，卷面表达得完整美观；

再者，卷面内容尽量地去更全面，更专业；

最后，最好能具备一定的个人风格。

然而在这四点当中除了个人风格这一点没有办法进行传授外，其他的三个因素均可以通过本书得到一些有用的相关信息和训练方法，并且前两个因素均在本书前半部分的内容中有着详细的讲解，因此本章的内容主要就是针对第三点如何将卷面变得更专业而展开的。

但是说到这，有一点是需要跟大家说明的，手绘考卷的评卷标准是非常主观的，它不同于数学、外语等其他学科，有一个标准的答案和选项，所以当我们专业设计的考卷摊在阅卷老师的面前时，我们的分数是受很多不可确定因素决定的。首先，考题的侧重点和卷面的整体效果；其次，阅卷老师的个人喜爱风格也是非常重要的一个因素。

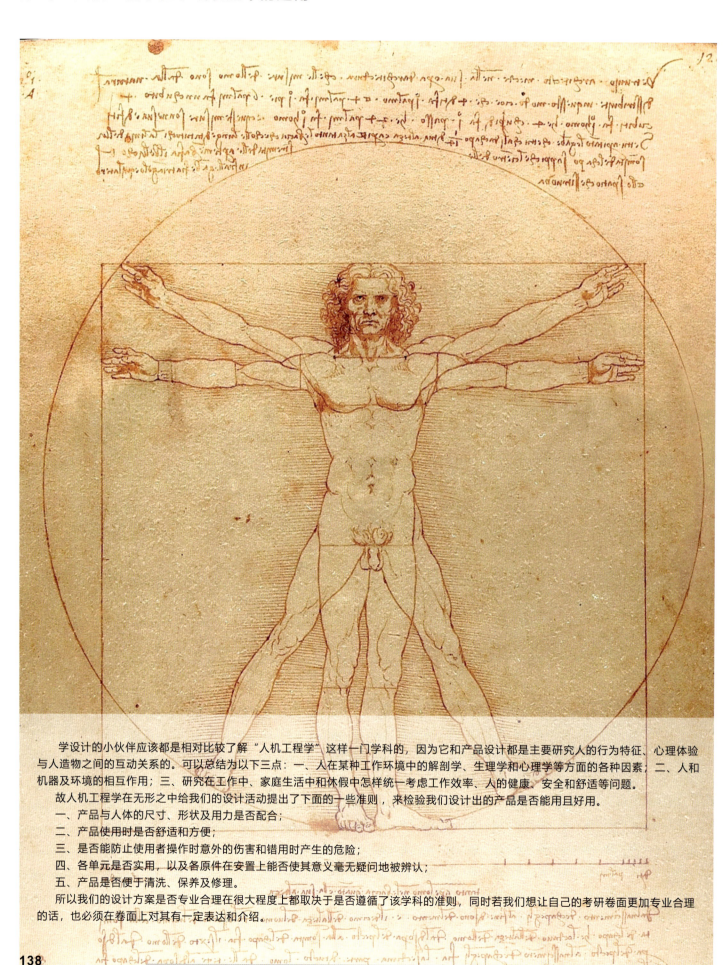

学设计的小伙伴应该都是相对比较了解"人机工程学"这样一门学科的，因为它和产品设计都是主要研究人的行为特征、心理体验与人造物之间的互动关系的。可以总结为以下三点：一、人在某种工作环境中的解剖学、生理学和心理学等方面的各种因素；二、人和机器及环境的相互作用；三、研究在工作中、家庭生活中和休假中怎样统一考虑工作效率、人的健康、安全和舒适等问题。

故人机工程学在无形之中给我们的设计活动提出了下面的一些准则，来检验我们设计出的产品是否能用且好用。

一、产品与人体的尺寸、形状及用力是否配合；

二、产品使用时是否舒适和方便；

三、是否能防止使用者操作时意外的伤害和错用时产生的危险；

四、各单元是否实用，以及各原件在安置上能否使其意义毫无疑问地被辨认；

五、产品是否便于清洗、保养及修理。

所以我们的设计方案是否专业合理在很大程度上都取决于是否遵循了该学科的准则，同时若我们想让自己的考研卷面更加专业合理的话，也必须在卷面上对其有一定表达和介绍。

1.1　人与产品之间的关系

人机工程学是一门用测量方法研究人的体格特征的学科。我们在进行设计活动时几乎都要根据人体尺寸来进行创作，并要掌握下面这些原则：应用人体尺寸的原则、极限设计原则、可调性设计原则、动态设计原则、非"平均人"设计原则。

比如说，右图的这个图示内容就分析了人的手部在各种状态下的尺寸，所以，在我们设计下面的这些手持产品或者按钮时就必须遵循这样一个数据，为此达到一种专业且人性化的特点。

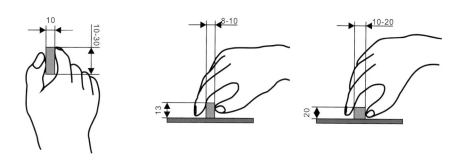

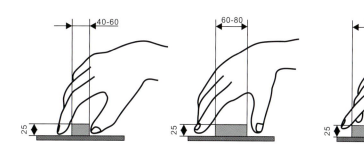

按钮与人手之间的关系

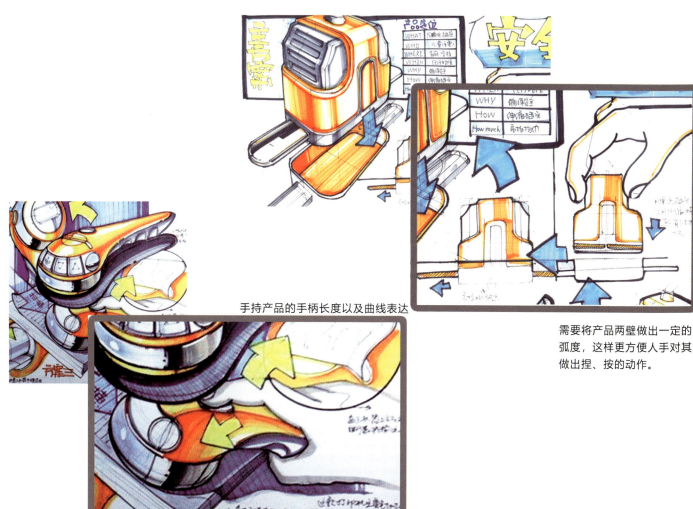

手持产品的手柄长度以及曲线表达

需要将产品两壁做出一定的弧度，这样更方便人手对其做出捏、按的动作。

在我们设计产品时，必须充分考虑到作业空间的合理安排，并且要充分考虑到人机工程学中的人体尺寸。这样才有助于产品使用效率的提高。

一般的作业姿势可分为坐姿作业、站姿作业、坐立姿交替、蹲下作业等。而这些姿势均有相应的人机尺寸限制，因此我们在设计如家具、柜子、椅子等大型产品时，必须充分考虑到人机工程学的一些相关信息。

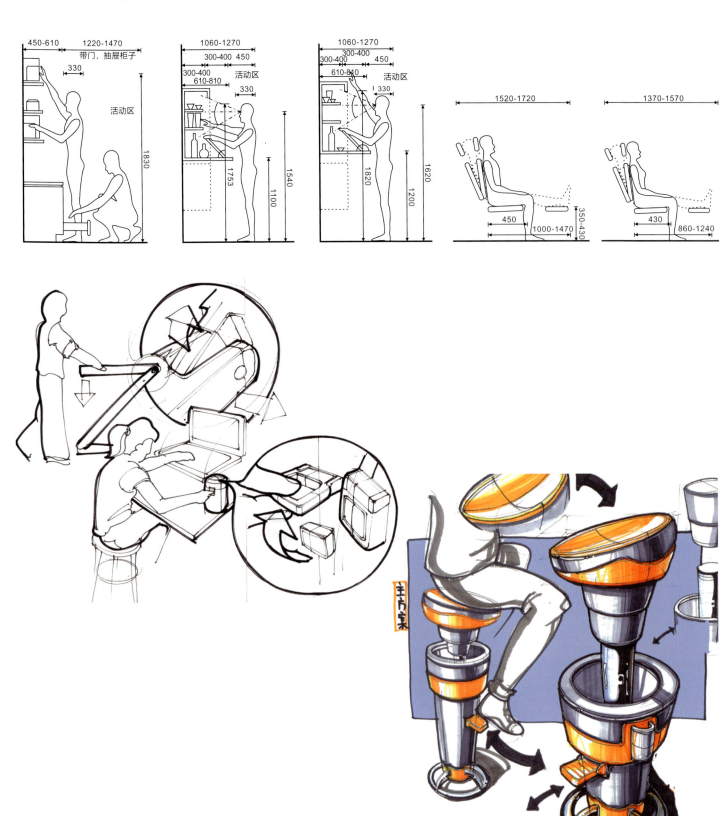

人的感觉系统与产品之间的关系

人的感觉包括听觉、视觉、触觉、味觉、痛觉等，它们是人与世界沟通的桥梁。

听觉：在产品设计中，人们必须合理运用听觉系统。人体听觉具有的特征是声音的掩蔽、听觉的时间特性和听觉的差别感觉。

视觉：视觉是人与周围世界发生联系的重要通道，人对外部世界信息的了解80%是通过视觉获得的。

触觉：触觉一般在设计中应用在那些视觉和听觉负担过重的工作中，这样可以起到提高效率的作用。

嗅觉：产品设计应考虑产品所带气味是否对人的身体有害，或者使人感到厌恶。

痛觉：痛觉比其他任何刺激更能引起人的行为反应。但在设计中运用疼痛来传递信号的情况比较少见。

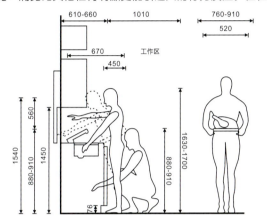
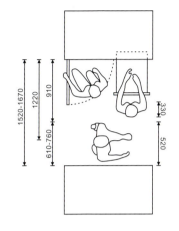
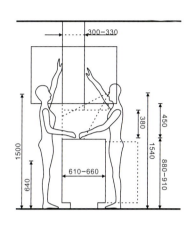

　　人类的行为从需要到发生，其实是有一段时间距离的，而行为的产生也是相当复杂。因此，我们要在设计产品前充分了解使用者的行为习惯以及一些可能影响到他们的心理因素。简要来说，这些因素可从人的内在与外在两方面来分析。内在的心理因素方面包含：知觉、认知、动机等，而外在的因素则有家庭、社群、社会、文化等。因此，了解这些方面，可以帮助我们加深对人的复杂性，系统性的认识，为设计符合人心理特性的产品及使用过程提供依据。

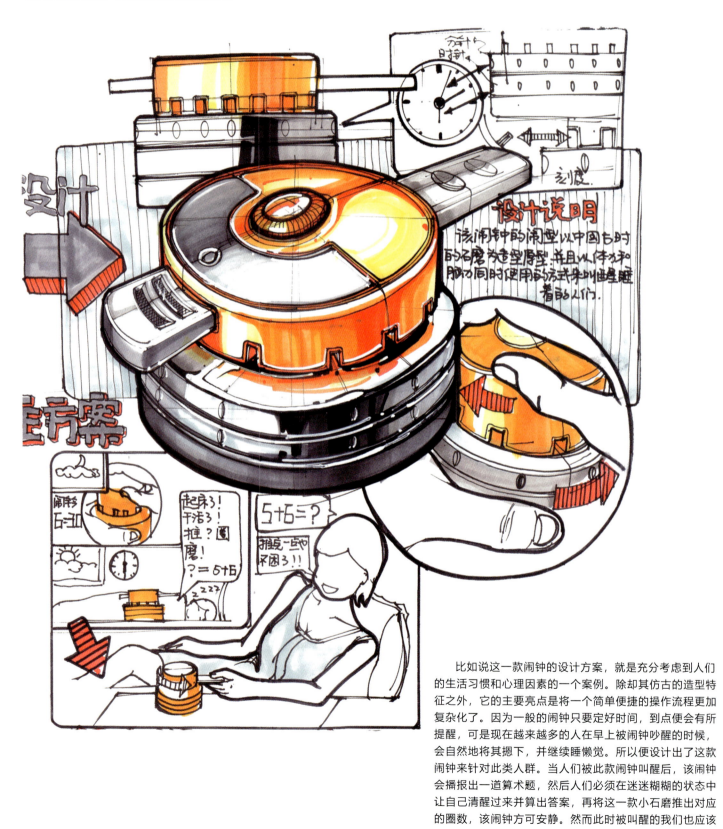

　　比如说这一款闹钟的设计方案，就是充分考虑到人们的生活习惯和心理因素的一个案例。除却其仿古的造型特征之外，它的主要亮点是将一个简单便捷的操作流程更加复杂化了。因为一般的闹钟只要定好时间，到点便会有所提醒，可是现在越来越多的人在早上被闹钟吵醒的时候，会自然地将其摁下，并继续睡懒觉。所以便设计出了这款闹钟来针对此类人群。当人们被此款闹钟叫醒后，该闹钟会播报出一道算术题，然后人们必须在迷迷糊糊的状态中让自己清醒过来并算出答案，再将这一款小石磨推出对应的圈数，该闹钟方可安静。然而此时被叫醒的我们也应该在脑力活动和体力活动的双重作用下，变得完全清醒了。

1.2　环境与产品之间的关系

　　在人机工程学中，环境因素可以被看作是一种干扰因素。一个可以让人舒适的工作环境不仅可以提高效率，而且能够让我们拥有良好的工作情绪以减轻工作负荷。对产品设计而言，设计师在设计产品时必须要考虑产品的适用环境，方可让你的产品发挥出更好的作用，从而提高产品的使用率和寿命。

　　其中环境因素主要包括：环境性质（户外、公共、私人等）、环境气候、周围人群、工具限制以及一些物理因素（照明、噪声、震动、气候）等。所以我们在进行设计活动时都是有必要将它们考虑进来的。

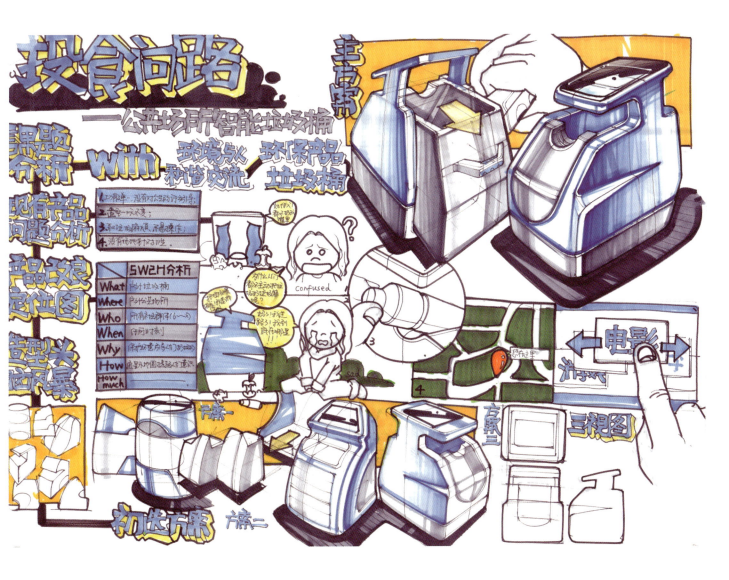

　　像图中的这一张快题范卷，就充分体现出了人与环境之间的互动。作者主要是想通过这样一款智能垃圾桶来增强人们主动捡拾垃圾并将其按照分类合理投掷的积极性。我们可以根据画中的情景使用图来联想一个场景，人们在逛公园的时候，往往会因为面积过大而无法分辨清楚自己的位置，而你身边的垃圾桶便可告诉你具体的方位，此时你只需要将垃圾投掷进去，垃圾桶感应成功之后便可以给你提供一定的路线指示。这样一个设计方案，不仅仅是设计了一款产品，而是营造了一个使用者、垃圾桶和环境三者之前的互动体系。相比于常规的环保产品来说，这款产品则显得更为具有人机交互性，也大大体现了作者想改善人们与环境之间关系的心愿。

1.3 社会人文因素与产品之间的关系

　　我们在设计产品时应该充分考虑社会人文因素，因为毕竟产品的使用对象是人类，而我们人类不仅有最基本的生理需求，也有一定的精神需求，所以产品设计不仅应该遵循专业、严谨的准则，也应该融入一定的文化元素，以实现更深层次的产品价值。

　　总之，人类社会的发展趋势必然是人造社会和自然界的越来越和谐，也就是我国传统一贯主张的"天人合一"。基于此，产品设计作为现代文明重要的组成部分，更应该在以后发展过程中充分重视人文因素，发挥人文力量，以适应时代与社会的要求。

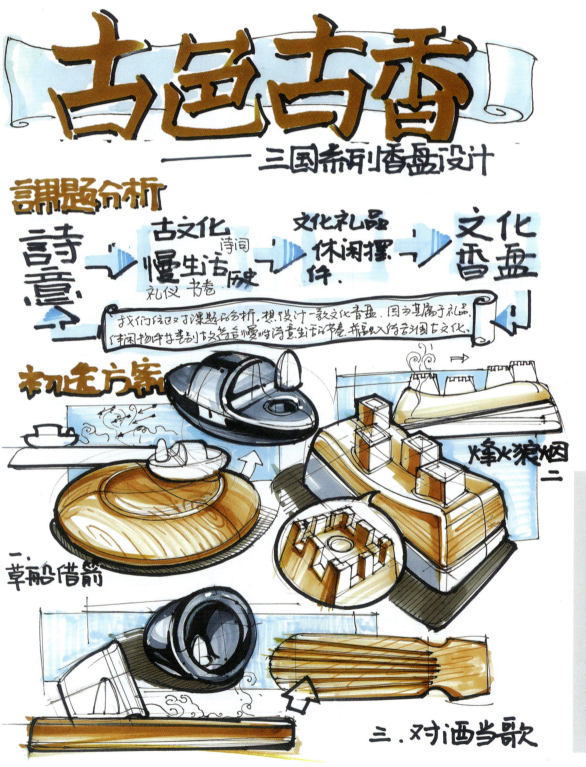

　　就如左图中这一系列香盘的设计方案，就充分考虑到了一些文化因素，并将其融入了产品中。其中"三国文化"是这一系列香盘的设计主线，每个方案分别代表了"草船借箭""烽火狼烟""对酒当歌"三个典故，致使整个产品的文化氛围非常浓烈和突出。

第2节 绘制爆炸图的基本要求

关于爆炸图的重要性，可以用下面这句话来概括：卷面上如果没有爆炸图，基本上是不会影响卷面分数的（除要求必须绘制爆炸图的院校之外）。但是若有一个绘制得相当出彩的爆炸图，那么肯定会给你加分。所以说爆炸图是帮助我们取得高分的一个很有效的利器。但是我们得注意以下几点：

1. 专业的爆炸图其实是将产品的外壳、内部机身、零件等所有产品构件全部分散在同一个空间里的图示，它一般出现在产品工装图及说明书上，以便于人们去了解组装的流程和一些产品内部结构信息；

2. 对于还未毕业的广大考生来说，若想熟知且完全了解各类产品的内部结构，还是有一点不现实的。所以我们的爆炸图只需要将产品的外壳和内部机身分开便好，且能体现出我们了解基本的产品外壳的开模方式；

3. 在绘制爆炸图时，所有分开的零件，必须保证相互是同一个比例且在统一透视关系的空间中。

2.1 直面产品爆炸图绘制注意事项

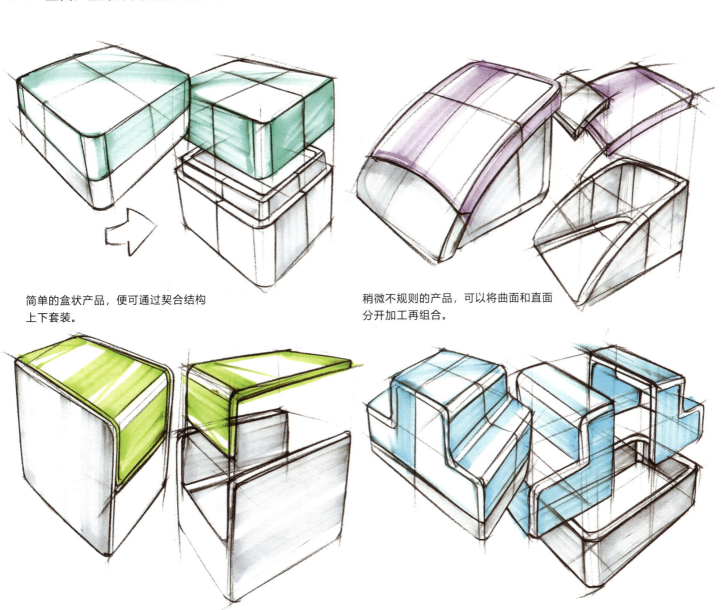

简单的盒状产品，便可通过契合结构上下套装。

稍微不规则的产品，可以将曲面和直面分开加工再组合。

小面积的镶嵌结构需要单独加工生产再组装。

转折较多的不规则产品，一次成型是比较有难度的，故需要从中间对称开模再组装。

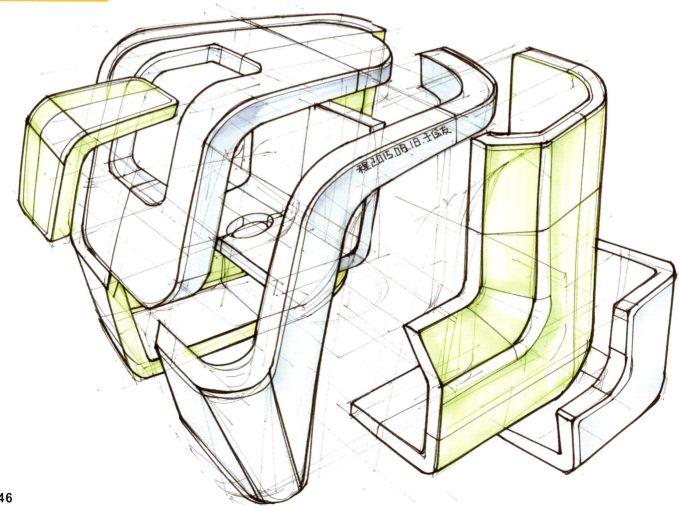

2.2　曲面产品爆炸图绘制注意事项

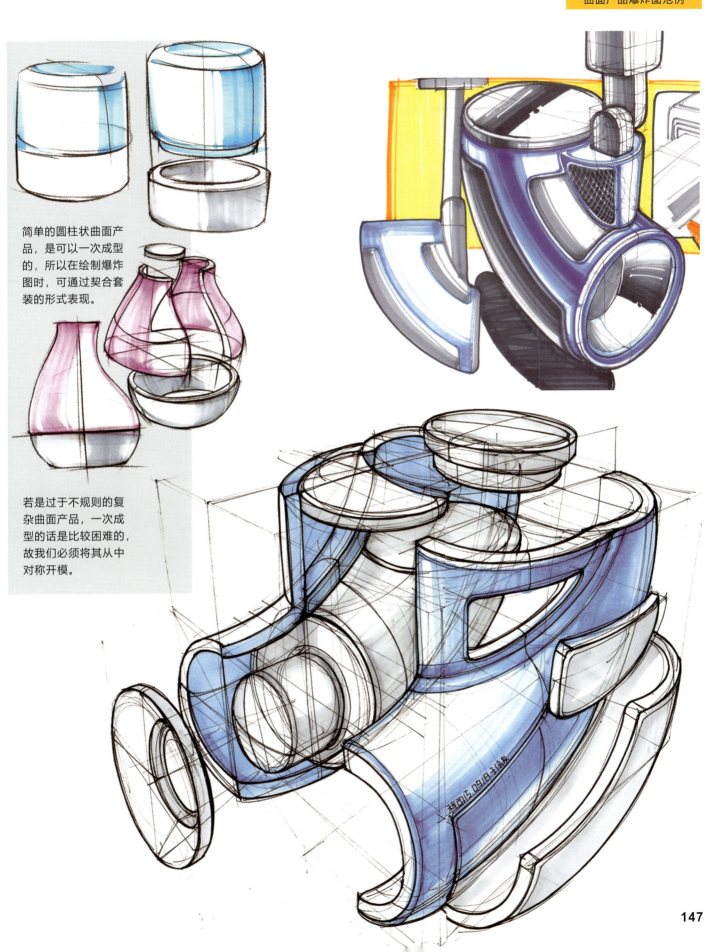

简单的圆柱状曲面产品，是可以一次成型的，所以在绘制爆炸图时，可通过契合套装的形式表现。

若是过于不规则的复杂曲面产品，一次成型的话是比较困难的，故我们必须将其从中对称开模。

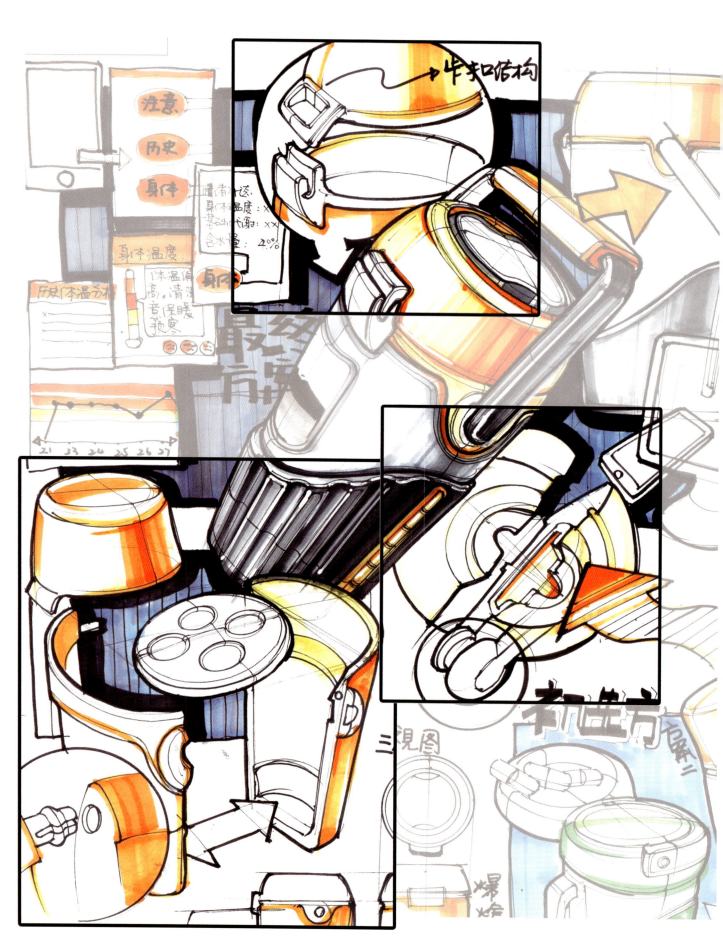

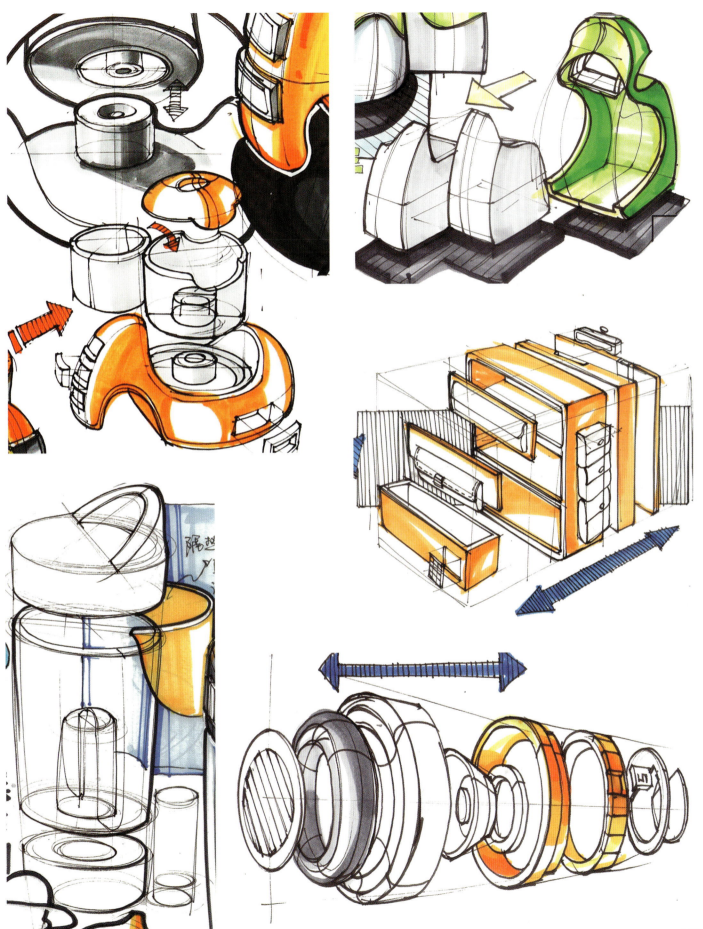

第八章　部分院校历年真题试卷及高分样卷

　　在本书前七章的内容中，我们围绕着考研快题手绘展开了很多的讨论，但是跟其他常规科目的复习一样，快题设计这一科目也需要我们去结合报考院校的历年真题来进行模拟练习。这样可以帮助我们更加了解报考院校的出题侧重点，给我们的复习之路减少不必要的弯路。不过说到这里，请大家注意一点：在研究生入学考试中，校方主要是考查你的专业素质和综合能力，只要你能充分将你的设计能力、专业观点和一些平时积累的其他相关知识体现在你的考卷中，应该都会获得一个不错的成绩。所以建议大家不要去盲目地相信以下这个说法——每个地区甚至每个学校都有自己所喜欢的风格，你必须画成"那个样子"才可以得到高分。我们一定要树立一个正确的意识，那就是只要你能在你的卷面中通过扎实的手绘技法充分表达出优秀的设计思路，你就肯定会获得一个不错的成绩。

第1节　　各高校历年真题解析

虽然每个学校都会有设计快题表达这样一个考试科目，但是由于每个学校专业背景以及主攻方向的不同，他们在出题思路方面也会有很多的不同，这样也就导致设计快题这样一个考试科目包含了很多种不同的题型，这些都是需要我们提前去了解的。简单可以概括为以下几种类型：

1.1　　概念发散类考研真题及样卷

概念发散性考题是指招生单位在考题中并没有给出一个明确的产品类别，而是提出一种较为抽象的概念，比如说"爱""风""凹凸""乡愁"等关键词。然后让考生以该关键词为主题发散，设计一套完整的方案。此类考题主要是考查考生设计思维的灵活度和平时的积累。大家遇到此类考题时，可以从形状、结构、文化语义等方面进行联想发散，但是在搭建设计框架时一定要保证高度的逻辑性，以免造成跑题的风险。

湖南大学2007年工业设计方向专业设计真题
工业设计方向：以"绿色"为主题，结合绿色设计角度设计一款现代通讯工具。要求用草图的形式提出三个构思方案并阐述方案的特点；选定其中一个方案进行细化；完成该方案的局部造型（以草图形式表达），材质、色彩处理（图和文字表达），外观零件部件构造（以爆炸图形式表达），标注主要尺寸的外观三视图，并从不同的透视角度完成该方案的快速效果图两张。

湖南大学2008年工业设计方向专业设计真题
　"设计主题"和"造型语言"是一切设计的基础，前者是设计思想和观念的表达，后者是设计形式和造型的表达，两者互相关联、相得益彰。
设计主题：情感
造型语言："师法自然"，借用和模仿自然物（动植物等）的功能或形态
基本要求：以"情感"为设计主题，自选一个表达情感的主题词，通过"师法自然"的手法设计一款电热水壶(三个草图方案，一个效果图，效果图表现手法不限，A3尺寸）

湖南大学2009年工业设计方向专业设计真题
　"设计主题"和"造型语言"是一切设计的基础，前者是设计思想和观念的表达，后者是设计形式和造型的表达，两者互相关联、相得益彰。
设计主题：水
造型语言："隐喻"或"师法自然"
基本要求：以"水"为设计主题，通过"师法自然"或者"隐喻"的手法设计一款厨房用计时器设计（三个草图方案，一个效果图，效果图表现手法不限，A3尺寸）

湖南大学2010年工业设计方向专业设计真题
　"设计主题"和"造型语言"是一切设计的基础，前者是设计思想和观念的表达，后者是设计形式和造型的表达，两者互相关联、相得益彰。
设计主题：风
造型语言："隐喻"或"师法自然"
基本要求：以"风"为设计主题，利用其属性和特征，通过"师法自然"或者"隐喻"的手法设计一款空气净化器（三个草图方案，一个效果图，效果图表现手法不限，A3尺寸）

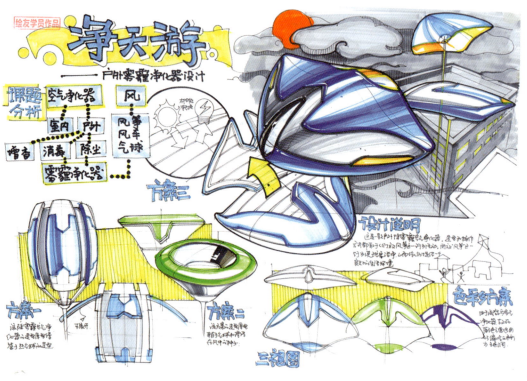

绘友学员作品
净天游
——户外雾霾净化器设计

课题分析

此样卷根据"风"的主题进行发散，联想到了"风筝"，然后以其悬浮于空中的形态为主元素设计了一款在户外使用且主要针对治理雾霾的空气净化器。

备注：湖南大学考试的用纸为A3纸张，本页范画为A2幅面手绘图。故大家在参考时请注意，切勿盲目抄袭。

南京理工大学2017年工业设计方向专业设计真题
题目：以解构主义的特征设计一款产品

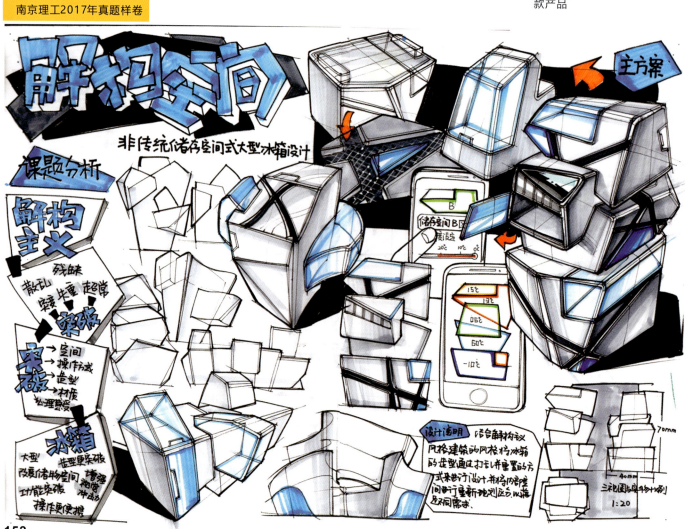

解构空间
——非传统储存空间式大型冰箱设计

课题分析

主方案

样卷第一张

湖南大学2014年工业设计方向专业设计真题

题目：以"生动、可爱"为主题设计一款电动三轮车（前两轮，后一轮）

要求：

1．提交所有构思过程原始草图文字。

2．完成最终方案的前45°、后45°、正侧效果图各一张及简要设计说明。

广州美术学院2009年工业设计方向专业设计真题

题目：以"跨界"为主题设计一款产品。

要求：画5个以上的草图方案，并选择其中一个进行深入刻画，并画出三视图并标注尺寸，画出结构图和爆炸图。

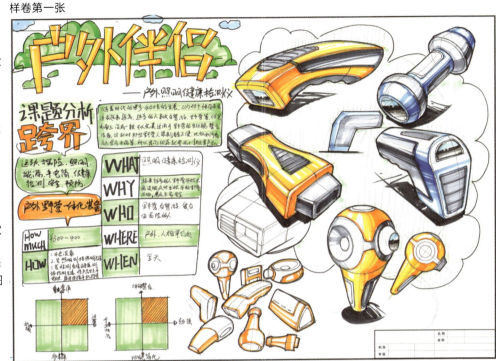

样卷第二张

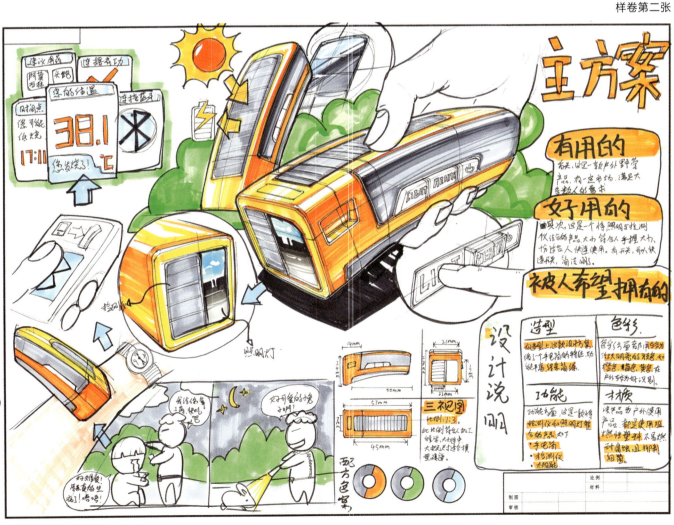

广州美术学院2012年工业设计方向专业设计真题

题目：以"简洁"为主题设计一款消费类产品（要求同上）

广州美术学院2015年工业设计方向专业设计真题

题目：以"传奇"为主题，设计具有创造性、前瞻性的办公用品（要求同上）

华南理工大学2012年工业设计方向专业设计真题

题目：以"有效利用时间"为主题设计一款产品，目的是为需要排队等候（如公交车）的人们提供合理的消遣、放松机会。

要求：

1.设计出5款不同创意的方案，选取其中一个方案进行深入。分析设计定位，并确定出设计关键词；分析结构特点、功能与材料、产品功能布局图、使用环境和人机关系，做出简明扼要的三视图及一张彩色效果图。画出最终方案的前视45°、后视45°，正侧图效果图；

2.创意新颖独特，有时代感，空间结构关系、人际关系合理；

3.设计说明简介准确、表述生动，整体效果完整，细节表现充分；

4.效果图处理上有视觉冲击力，材质表现充分恰当。

华南理工大学2015年工业设计方向专业设计真题

以"清水""四季"（二选一）设计一套亲子玩具。（要求同上）

江南大学2008年工业设计方向专业设计真题

题目：以"爱"为主题词，设计一件有特定意义的消费电子产品或家居用品。

要求：

1.课题的分析和思考。对背景及概念来源、产品定位、设计思路等进行简要的说明，要求分类说明，或结合适当的图表表达。

2.以设计草图的方式表现创意过程，并写出简要的设计说明。草图要求用少量色彩简单表达该设计方案的颜色分割和明暗关系。

3.从上述方案中选择你认为比较好的一个作深入设计，最终方案以彩色透视效果图表达，应充分表现所选方案的整体和细节，并有必要的设计说明。

4.最终方案的外观尺寸图用三视图的方式表达，标注主要的尺寸和比例。注意卷面的总体表现效果。

江大2008年真题样卷

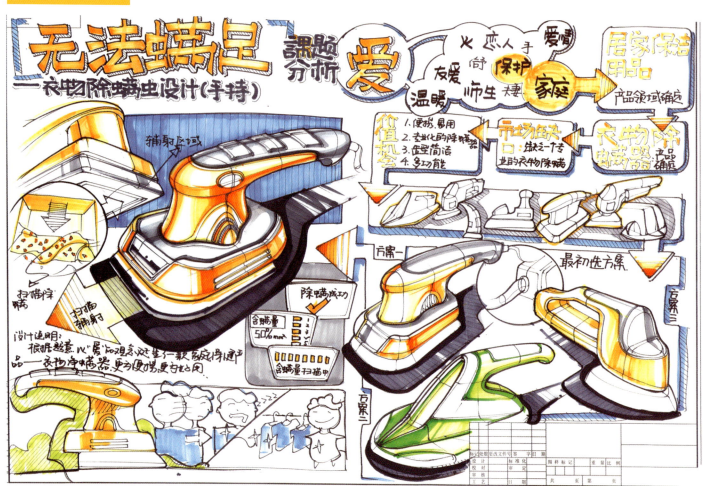

江南大学2014年工业设计方向专业设计真题

题目：近年来"保健"慢慢成为了人们生活中一个必不可少的部分。根据这样一个现象设计一款保健产品。针对性要强，注重产品与使用者的联系和互动。

要求：

1. 画出三个方案，对每个方案进行简短说明；

2. 在三个方案中选择一个进行深入刻画作出细致效果图；

3. 表达出最终方案的三视图（并标注尺寸）、色彩方案、人机分析图；

4. 写出简要的设计说明；

5. 表现手法不限，标注尺寸，画出结构图和爆炸图。

江南大学2015年工业设计方向专业设计真题

题目：以"拯救低头族"为主题设计一款产品。

要求：

1. 画出三个方案，对每个方案进行简短说明；

2. 在三个方案中选择一个进行深入刻画作出细致效果图；

3. 表达出最终方案的三视图（并标注尺寸）、色彩方案、人机分析图；

4. 写出简要的设计说明；

5. 表现手法不限。

江南大学2017年工业设计方向专业设计真题

通过交互设计，用户体验，系统设计的角度来讲，重新设计学校公共洗衣房的空间布局，或者洗衣机的相关配件，或者系列LOGO，要求最少三个方案，设计说明不少于三百字。

江大2017年真题样卷

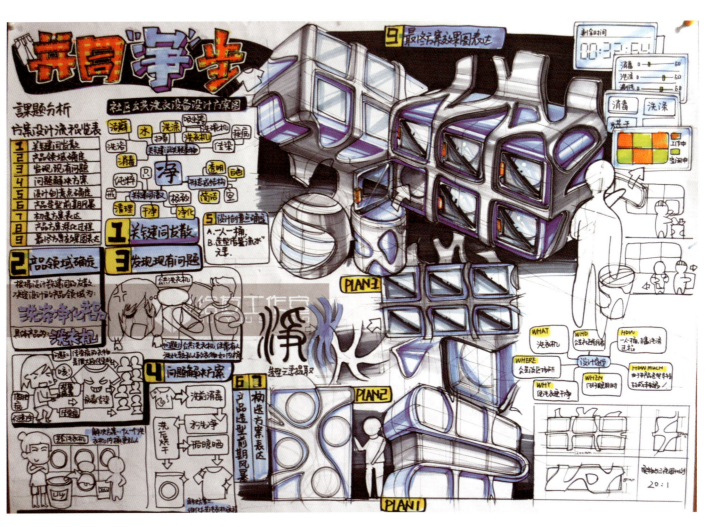

华东理工大学2012年工业设计方向专业设计真题

题目：分析旅游途中存在的问题，设计一款可以解决该问题的产品。

要求：1．表达出该方案的整体效果图、细节操作图、三视图（并标注尺寸）、色彩方案、人机分析图；

2．写出简要的设计说明；

3．表现手法不限。

华东理工大学2013年工业设计方向专业设计真题

题目：以"行"为主题设计一款产品。（要求同上）

华东理工大学2015年工业设计方向专业设计真题

题目：以"互联网+的理念"为基础，从空间、形态或者概念方面出发，设计一款产品。（要求同上）

华东理工2015年真题样卷

2007年浙江大学工业设计方向专业设计真题

题目：以"发展与和谐"为主题，结合现代科技、地域文化、先进的设计理念，设计一款产品。

要求：

1．理解设计主题，对产品设计方向及创意的缘由进行说明；(20分)

2．产品概念草图6-10幅，多视角，简单说明方案的创意；（50分）

3．产品效果图，多个视角表达，注意产品细节的表达；（55分）

4．三视图绘制，注意比例的表达，对基本尺寸进行标注，画出结构图和爆炸图。（25分）

1.2 概念发散类模拟题及样卷

模拟题目一：以"护"为主题，结合现代科技设计一款智能产品。

要求：

1. 最低完成三个草图方案，并选择其中一个进行深入刻画；
2. 充分体现产品的智能化；
3. 产品效果图，多个视角表达，注意产品细节的表达；
4. 三视图绘制，注意比例的表达，对基本尺寸进行标注；
5. 表达出设计来源及对课题的分析。

模拟题目二：以"凹凸"为主题进行发散设计一款产品。

要求：

1. 最低完成三个草图方案，并选择其中一个进行深入刻画；
2. 充分体现出与设计主体词的关联性；
3. 产品效果图从多个视角表达，注意产品细节的表达；
4. 三视图绘制，注意比例的表达，对基本尺寸进行标注；
5. 表达出设计来源及对课题的分析。

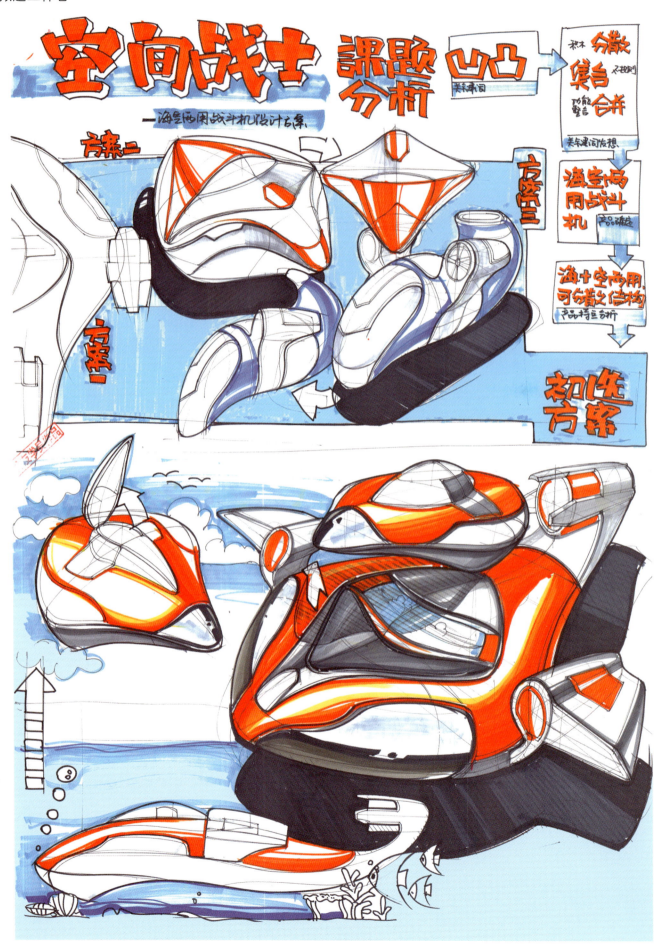

空间战士 课题分析

—海空两用战斗机设计方案

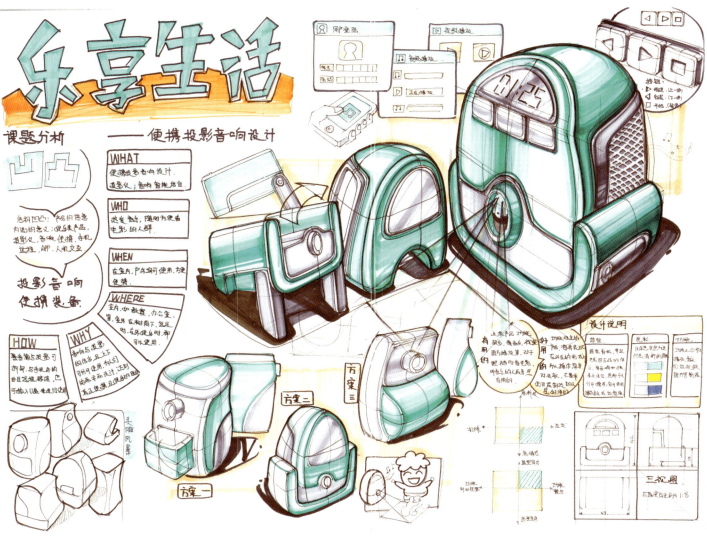

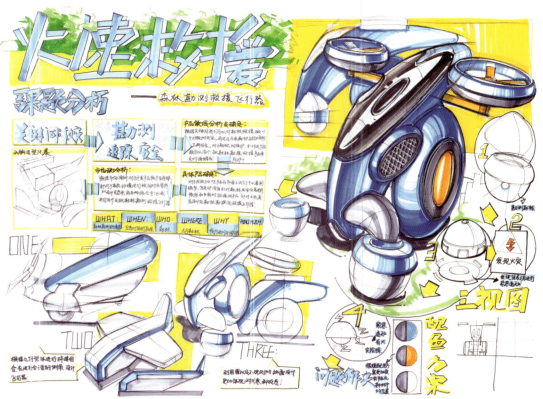

模拟题目三：以"救援"为主题，设计一款应对森林火灾的防护或救援产品。

要求：

1. 最低完成三个草图方案，并选择其中一个进行深入刻画；

2. 产品效果图从多个视角表达，注意产品细节的表达；

3. 三视图绘制，注意比例的表达，对基本尺寸进行标注；

4. 表达出设计来源及对课题的分析。

要求：

1．最低完成三个草图方案，并选择其中一个进行深入刻画；

2．充分体现出与设计主题词的关联性；

3．产品效果图从多个视角表达，注意产品细节的表达；

4．三视图绘制，注意比例的表达，对基本尺寸进行标注；

5．表达出设计来源及对课题的分析。

模拟题四样卷一(右图)

模拟题四样卷二(下图)

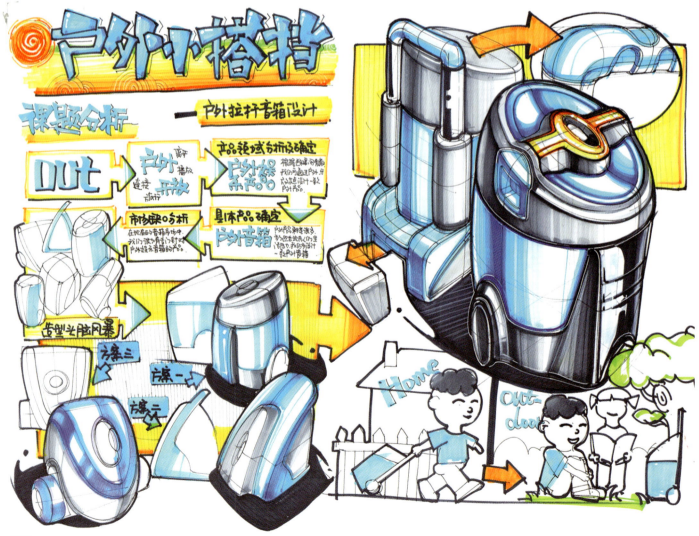

模拟题五样卷一

模拟题目五：以"送给童年的自己一份礼物"为主题，设计一款产品。
要求：
1．最低完成三个草图方案并选择其中一个进行深入刻画；
2．产品效果图从多个视角表达，注意产品细节的表达；
3．三视图绘制，注意比例的表达，对基本尺寸进行标注；
4．表达出设计来源及对课题的分析。

模拟题五样卷二

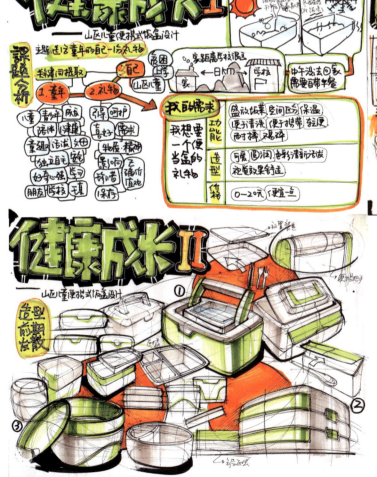

说明：此份样卷的纸张大小为三张A3纸，临摹的时候请根据自己考试院校的纸张大小进行调整，样卷用时是三个小时。

模拟题目六：以"节约"为主题，设计一款帮助人们更加合理利用水资源的产品。

要求：

1．最低完成三个草图方案，并选择其中一个进行深入刻画；

2．产品效果图从多个视角表达，注意产品细节的表达；

3．三视图绘制，注意比例的表达，对基本尺寸进行标注；

4．表达出设计来源及对课题的分析。

模拟题目七：以"绽放"为主题，设计一款智能产品.

要求：

1．最低完成三个草图方案，并选择其中一个进行深入刻画；

2．产品效果图从多个视角表达，注意产品细节及创意的表达；

3．加入智能界面设计。

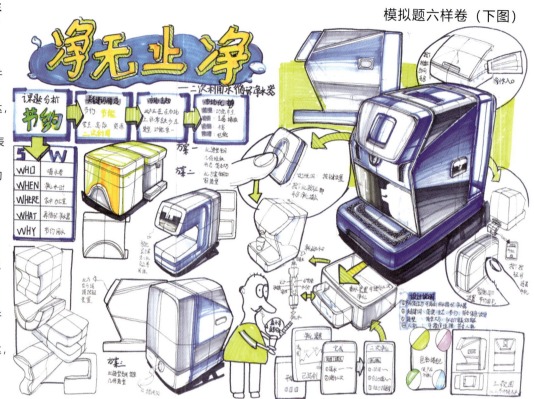

模拟题六样卷（下图）

模拟题七样卷（下图）

1.3 设计基础类考研真题及样卷

在设计快题这一考试科目中，部分学校考题的侧重点是一些与工业设计表现相关的基础技能，比如说三大构成、创意色彩、造型基础、表现技法、空间想象、工程制图等知识。相比其他的题型，此类考题的难度更大一点的，要求考生自身的一些与设计相关的基本功非常扎实，比如说形体的空间透视关系等并要求对基本尺寸进行标注。

清华大学2009年工业设计方向专业设计真题（回忆版）
通过过渡连接的方式将一个圆柱和长方体过渡连接，完成六个方案，并选择其中一个方案进行深入，并用几种不同材质从不同的视角来表现。

清华大学2010年工业设计方向专业设计真题（回忆版）
通过设计一款产品来解决人们在生活中遇到的一个实际问题。
要求： 充分表现出管材和板材的材质，造型上将不同的基形体进行组合设计（允许特殊的穿插方式）， 至少有三个方案，画出方案草图，选出一个做效果图、文字说明和设计说明。

清华大学2011年工业设计方向专业设计真题（回忆版）
提取老鹰的形态特点，设计三种不具有实际使用功能的形体。该形体一定要具有工业成型特点，从这三种方案中选择一个方案进行深入设计，方案中必须包含"玻璃"和"金属"两种以上材质，要求至少有两个以上角度的效果图。

清华大学2013年工业设计方向专业设计真题（回忆版）
从里特维尔德所设计的"红蓝椅"中提取元素，解构后重新组合，使其具有新的形态和功能，不能与原有功能有重合的地方，尽量多使用原来的部件。
要求：
1. 三套方案草图手绘；
2. 选择一套效果图进行深入表达，用色彩表达最终效果，并结合局部结构图，功能示意图，作文字说明；
3. 分值构成：构思合理新颖30%，草图手绘熟练程度30%，效果图表达完整深入30%，整体卷面10%。

清华大学2015年工业设计方向专业设计真题（回忆版）
将"圆柱""圆锥""立方体"三种基本几何形态进行组合，允许穿插结合，手绘出组合形态方案。将每一个组合形态演变成一款产品，并选其中一款方案进行深入刻画，呈现出最少两个视角的效果图、尺寸图和设计说明。

清华大学2016年工业设计方向专业设计真题（回忆版）
以一个正方体为母体综合设计，要体现"空气进去"和"空气流出"的寓意，要求画9个草图方案，选择2个方案进行深入表现，每个方案要有材质、空间的合理表现，附以文字说明。

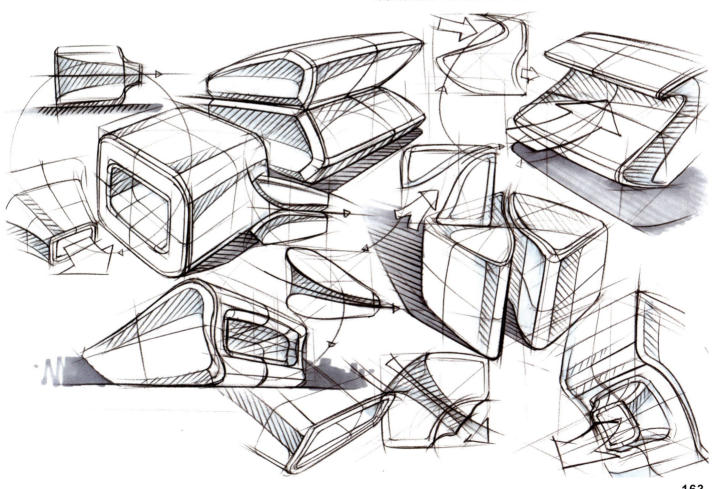

北京工业大学2012年工业设计方向专业设计真题（回忆版）

设计题目：以中国传统纹样中云纹为元素，运用现代理念和方法，分别以"腾""韵""逸"为主题，设计三种形态。

要求：

1．根据考生本人所报考的专业方向，选择平面形态、立体形态或者空间组合形态等不同表现形式；

2．排除功能性的设计；

3．用色彩绘制效果图，绘制工具使用计算机之外的本专业设计表现工具；

4．时间为4小时，以对开纸横向使用，附200字以内的文字说明在同一卷面上。

燕山大学2011年工业设计方向专业设计真题

一、题目：选择3~6个几何形态，运用组合、叠加、穿插和切割等表现手法塑 造一个抽象或具象的设计形态。

要求：1．表现手法不限；

2．尺寸与造型不限 。

设计内容：1．画出创意草图5幅；

2．选择3幅画出彩色效果图；

3．不做文字说明。

二、题目： 将从太极图中提取的造型元素应用于一件家电产品的设计中。

要求：1．构思三个草图，将其中一个发展成效果图，并说明材质；

2．要求做设计说明，限用黑色碳素笔。

燕山大学2011年考研真题样卷

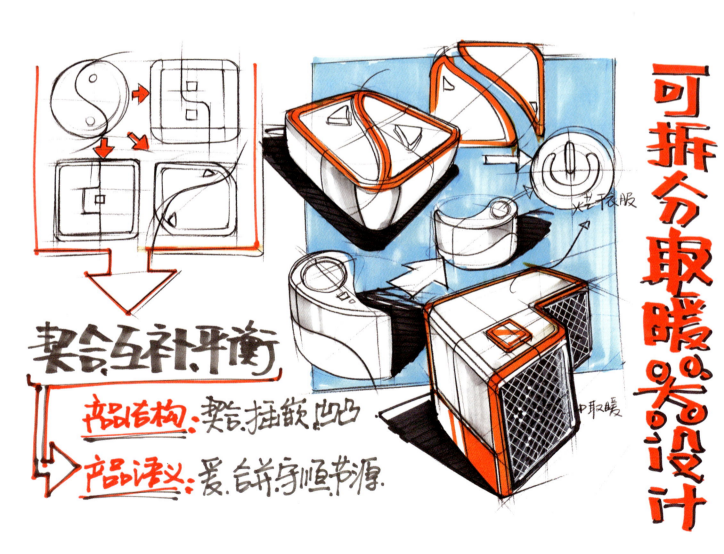

契合.互补.平衡

产品结构：契合.插嵌.凹凸

产品语义：爱.合并.守顺.节源.

可拆分取暖哈&设计

烘干衣服

中取暖

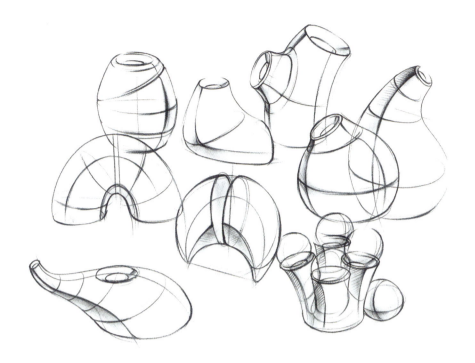

1.4　设计基础类模拟题及样卷

模拟题目一：通过不同的造型方法，以圆柱体为母体进行发散，衍生出其他的形态，并将其绘制出来。

要求：可通过变形、叠加、切割、扭曲等不同的方法进行创作。绘制不低于5个方案。

模拟题目二：从植物的形态出发，根据它们的造型或者其他特点进行创作，设计一款公共充电桩。

要求：

1. 最少设计出三个方案，并选出其中一个进行深入全面的刻画；
2. 每一款方案需要结合不同植物的形态特点进行创作，并充分体现出该方案的演变过程；
3. 刻画出产品的使用方式及三视图和尺寸；
4. 表达出合理的课题分析流程，并附有不低于100字的设计说明。

模拟题目二样卷

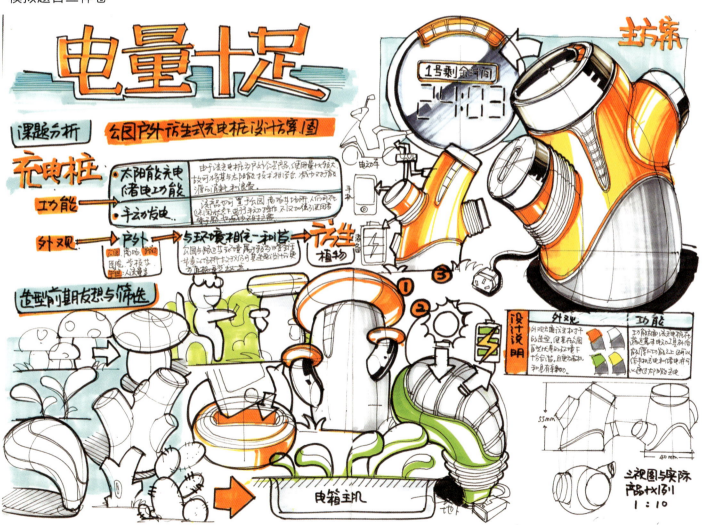

模拟题目三： 以立方体为基本几何形态，通过变形、叠加、切割、扭曲等不同的方法进行创作，最终设计出一款家居产品，且具有很强的实用功能。

要求：

1. 最少设计出三个方案，选出其中一个进行深入全面的刻画；
2. 表达出该产品的具体操作方式；
3. 在设计的过程中需充分体现出人机工程学在产品中的运用。

模拟题目四： 从猫头鹰身上提取设计元素，并根据它们的体态或者其他特点进行创作，设计一款户外用品。

要求：

1. 最少设计出三个方案，并选出其中一个进行深入全面的刻画；
2. 需要完整刻画出该方案的造型推导过程；
3. 画出产品的使用方式及三视图并标明尺寸；
4. 表达出合理的课题分析流程，并附有不低于100字的设计说明。

模拟题目三样卷

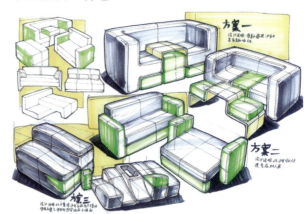

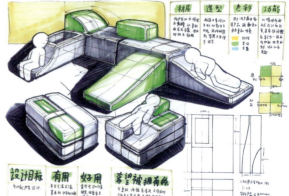

模拟题目四样卷

1.5　定向产品领域类考研真题及样卷

此类考题是指，招生单位在试题中明确出了一个具体的产品领域，比如说老年人产品、公共设施、厨房用具等。甚至有部分学校的考题可以明确到一个具体的产品，比如说加湿器、电饭煲等产品。当我们遇到这样的考题，一定要意识到校方是想考查我们对设计课题的深化能力和创新能力，他们希望能在我们的卷面上看出一些具有创新能力的设计点，所以应对此类考题的考生应当在日常生活中多发现问题并尝试着去提出一些解决该问题的方案，而且要扩宽自己的知识领域，以确保我们对某一类产品的创新改良方案的可行性更强。

北京理工大学2008年工业设计方向专业设计真题
题目：设计一款公共场所饮水器具或饮水设计设施。
要求：画出三个方案，对每个方案进行简短说明。在三个方案中选择一个进行深入，刻画出细致效果图。表达出最终方案的三视图（并标注尺寸）、色彩方案、人机分析图并写出简要的设计说明。

北京理工大学2009年工业设计方向专业设计真题
题目：设计一个信息发布亭（要求同上）

北京理工大学2010年工业设计方向专业设计真题
题目：设计一套学生用的电脑桌椅（要求同上）

北京理工大学2011年工业设计方向专业设计真题
题目：设计一款室内垃圾桶（要求同上）

北京理工大学2012年工业设计方向专业设计真题
题目：设计一款吸尘器（要求同上）

北理2008年考研真题样卷

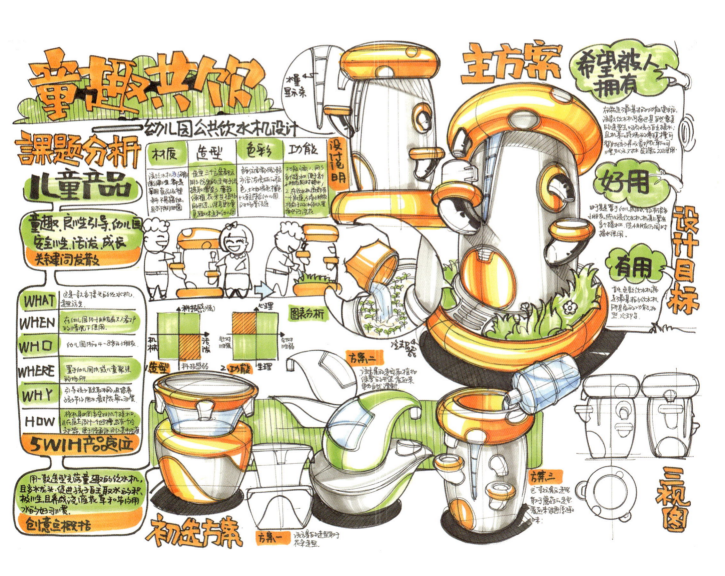

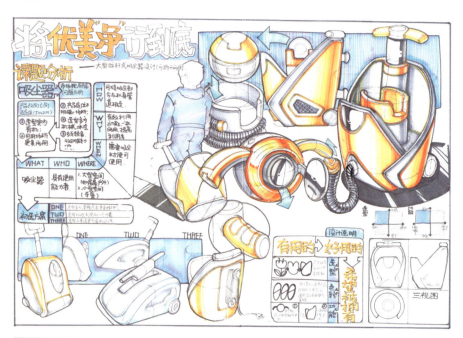

北京理工大学2013年工业设计方向专业设计真题
题目：设计一款家用早餐机（要求同上）

北京理工大学2014年工业设计方向专业设计真题
题目：设计一款城市用的小型机动清洁车（要求同上）

北京理工大学2015年工业设计方向专业设计真题
题目：设计一款应急照明设备
要求：画出一个现有产品，并分析该现有产品的不足，且根据其特点设计出一个新的产品。（其他要求同上）

北京理工大学2016年工业设计方向专业设计真题
题目：设计一款旅游用指南针(要求同上)

北京理工大学2017年工业设计方向专业设计真题
题目：设计一组调味瓶

北理2017年考研真题样卷

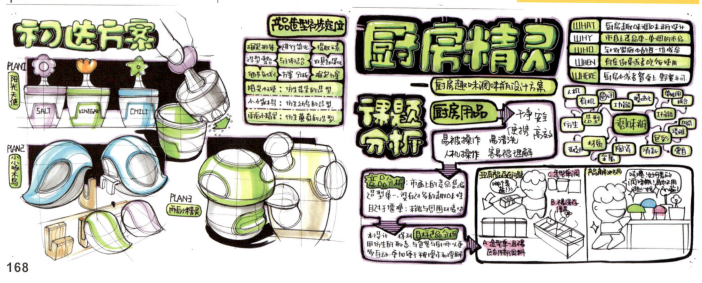

武汉理工大学2008年工业设计方向专业设计真题（回忆版）

设计一款办公用饮水机，或者完成相关产品展示的展示台设计。

答题要求：

1. 充分运用图形或图表进行"人——产品——环境"分析，定位准确；根据设计定位进行概念设计，提出三个不同的设计草图方案，表明材质以及加工工艺，表现手法不限；

2. 在以上三个设计草案中挑选一个最合理的方案进行深化，并完成彩色透视图，创意新颖，表现手法不限，技巧熟练，表现力强；

3. 完成该方案的三视图，简要标明尺寸，并对关键结构或者节点进行图解说明；

4. 文字说明简练准确、卷面整洁、细节和结构表达生动。

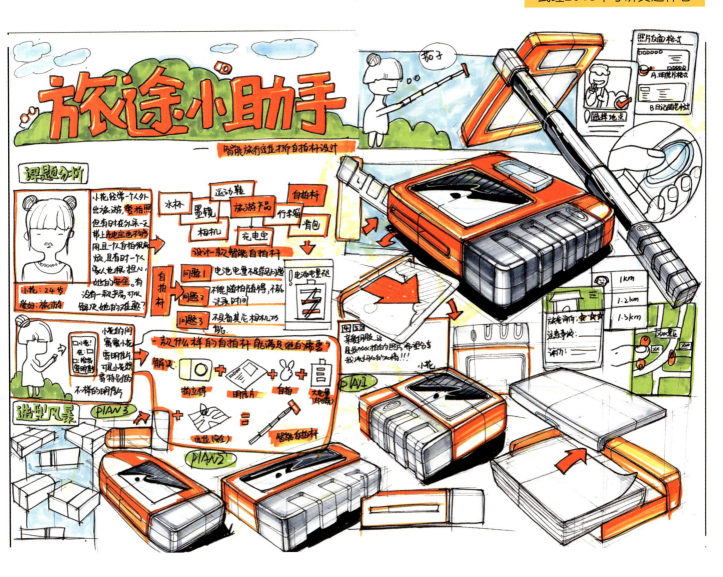

武汉理工大学2015年工业设计方向专业设计真题（回忆版）

随着人们生活水平的提高，节假日出行旅游已经成为人们生活的重要部分。请根据在外出的过程中可能遇到的问题，设计一款产品方便人们外出游玩。

1. 根据设计定位进行概念设计，提出最少三个不同的设计草案，表现手法不限；

2. 在以上三个设计草案中挑选一个最合理的方案进行深化，并完成彩色透视图，创意新颖，表现手法不限，技巧熟练，表现力强；

3. 完成该方案的三视图，简要标明尺寸，并对关键结构或者节点进行图解说明；

4. 文字说明简练准确、卷面整洁、细节和结构表达生动。

湖南大学2013年工业设计方向专业设计真题

现代社会越来越多的人们注意体育锻炼及休闲活动，这是现代人生活品质提高的一个典型的群体现象。但在很多体育运动场所缺乏基本的医疗保健设备，使得广大体育爱好者不能很好地掌握自己的运动生理状况，不能很有效、很健康地锻炼身体。本设计题目是：以宜人、好用为原则，设计一款运动风格的电子臂式血压计，具体部件和尺寸（尺寸可以做适当的调整）如下图。

设计要求：

1. 设计草图方案3个（70分）：涉及三个不同形式的电子血压计，包括主机和绑带部分；

2. 设计方案简要说明（15分）：阐述你对每个设计方案情景、主题、使用方式的概念构想及其说明；

3. 效果表现（50分）：选择一个方案，进行深化，并完成彩色透视图，创意新颖，表现手法不限；

4. 基本尺寸比例表现（15分）：画出最终选定方案的基本三视图（可缩小比例），并标注基本外形尺寸。

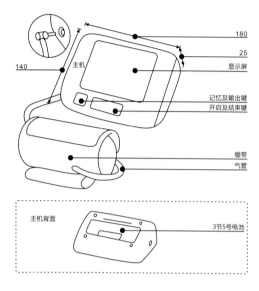

北京工业大学2007年工业设计方向专业设计真题（回忆版）

设计题目：城市公共环境中的无障碍设施设计

北京08年奥运会的各项准备工作都在紧张有序地进行，其中在"无障碍设施"设计方面有关部门已经规定了相应的无障碍标准和评价依据，你是怎样看待无障碍设计的？根据你对无障碍设施设计的理解，针对城市公共场所中的设施进行无障碍设计。

要求：

1. 根据记忆，用设计速写的方法，默写出五件典型的城市公共场所中的设计；

2. 从你所默写的五件设施中选择其中的一件加以改进或者重新设计，使之符合无障碍设计的要求；

3. 改进或者重新设计的公共设施构思过程草图方案3套；

4. 确定一套方案，简述选择理由，绘制出该方案的彩色效果图；

5. 该方案的工程制图（只需标注大尺寸）；

6. 用故事版叙述方案描述该方案使用过程；

7. 用简洁的文字描述你的整体设计方案。

北京科技大学2013年工业设计方向专业设计真题

题目：为某品牌智能手机设计一款具有时间提醒功能的应用软件界面

背景：智能手机除了具备通话功能外，还具有无线接入互联网，个人信息管理的PDA功能以及可升级、安装更多应用软件的开放性操作系统等特点，其人性化的操作界面，高速处理和大储存的芯片，集成了重力感应和距离传感更多种传感器以及由用户自行安装第三方服务商提供的软件等，使智能手机的功能得到无限扩展，为人们的生活提供了便利。

要求：

1. 针对目标用户、使用情景、现有产品进行分析，明确设计定位，以文字等形式表达，字数400字左右；

2. 根据上述分析，以情景故事版的形式表达设计方案（总共不少于2幅，可辅以文字说明）；

3. 设计此应用软件的三图标；

4. 以界面迁移图或者流程图的形式表达出软件中至少2个主要功能点的交互过程（总共不少于5帧，可辅以文字说明）；

5. 从以上过程图中选出一个主要界面，深入设计，绘制完整的界面效果图（其中应包括图形元素、字体、排版、色彩等）。

2013年江南大学工业设计方向专业设计真题

题目：针对一个"年轻的三口之家"设计一款洗衣机。该设计方案必须充分考虑到该家庭的客观情况，且需与使用者有一定的互动性。同时此款洗衣机需要充分考虑到清洗、干燥、取衣、晾衣。

要求：

1. 画出三个方案，对每个方案进行简短说明；
2. 在三个方案中选择一个深入刻画出细致效果图；
3. 表达出最终方案的三视图（并标注尺寸）、色彩方案、人机分析图；
4. 写出简要的设计说明；
5. 表现手法不限。

2015年江南大学工业设计方向专业设计真题

题目：结合交互设计方面的知识设计一款电饭煲，需绘制出部分主要的用户操作界面图。

要求：

1. 画出三个方案，对每个方案进行简短说明；
2. 在三个方案中选择一个进行深入，刻画出细致效果图；
3. 表达出最终方案的三视图（并标注尺寸）、色彩方案、人机分析图；
4. 写出简要的设计说明；
5. 表现手法不限。

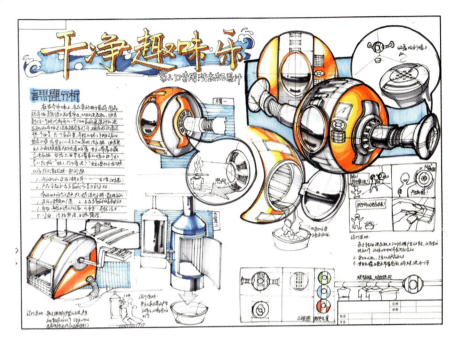

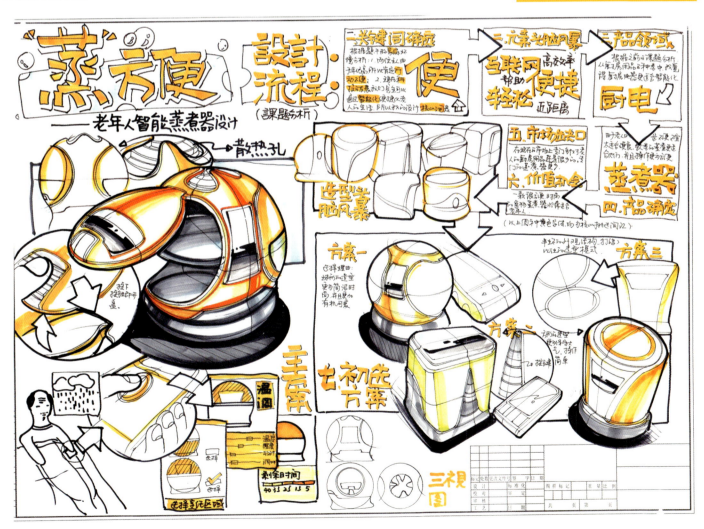

武汉大学2010年工业设计方向专业设计真题

题目：21世纪是立足于对现代社会结构和生产设计的翻新，是创造具有本土文化、精神文化和生活文化特色的时代。在传统文化与现代文化、本土文化与世界文化激烈碰撞的今天，如何使我们的设计保持自己并走向世界，是一个值得我们设计人员深思的问题。本土化设计作为一种表现形式，无疑是一种好的设计策略。所以请大家结合本土文化设计一款公共汽车候车亭。

要求：1．要有站牌、座位、广告牌等构成硬件；2．设计出3个方案，选取其中一个进行深入刻画；3．完成200字左右的设计说明。

华东理工大学2011年工业设计方向专业设计真题

题目：设计一款多功能的台灯。

要求：1．表达出该方案的整体效果图、细节操作图、三视图（并标注尺寸）、色彩方案、人机分析图；

2．写出简要的设计说明；

3．表现手法不限。

华东理工2011年考研真题样卷

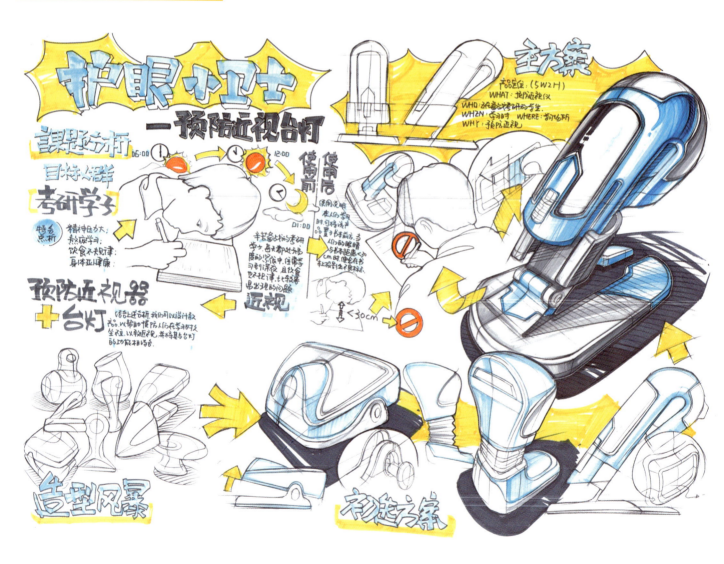

浙江工业大学2010年工业设计方向专业设计真题

设计题目：为旅游爱好者设计一款户外旅行用产品 （150分）

设计要求：

1．设计有创新，至少画出五种构思方案，绘图的工具与方法不限；

2．选择其中你满意的一个构思方案进行详细设计，对其使用方式以图文的形式进行描述，并按 比例绘制设计方案的三视图；

3．详细论述产品的功能特点、设计定位及设计说明；

4．考试时间6小时，素描纸4张，规格8开，图幅不限，考生自备画具和画板。

2016年浙江工业大学工业设计方向专业设计真题

设计题目：设计一款家庭辅助医疗健康产品（150分）

1. 设计有创新，至少画出五种构思方案，绘图的工具与方法不限；

2. 选择其中你满意的一个构思方案进行详细设计，对其使用方式以图文的形式进行描述，并按 比例绘制设计方案的三视图；

3. 详细论述产品的功能特点，设计定位及设计说明；

4. 考试时间6小时，素描纸4张，规格8开，图幅不限，考生自备画具和画板。

浙江工业2016年考研真题样卷

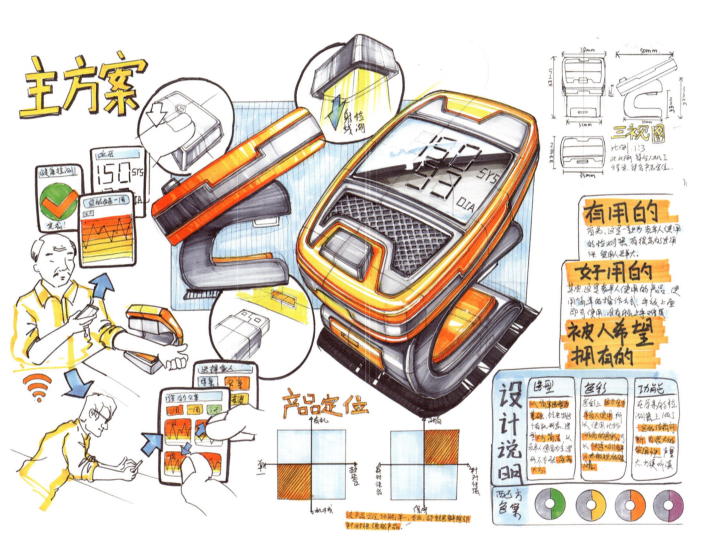

浙江大学2008年工业设计方向专业设计真题

题目：某国际知名企业是通信产品的全球领先者,公司计划于2010年进入中国市场，并以全新的子品牌塑造符合中国市场的全新的品牌形象。该企业提供丰富的个 人移动通信终端产品系列,并借此为人们提供通信、音乐、导航、视频、电视、影像、游戏及移动商务体验。目前公司在城市的商业区开设品牌专卖店。请你根据2010年中国市场的需求，进行个人移动通信终端类产品的创新设计。

1. 方案表达至少包括6~10幅草图、效果图、三视图、概念表述、色彩计划等内容；

2. 注重该方案的创新性及可行性；

3. 其他条件自定。

浙江大学2010年工业设计方向专业设计真题

题目：杭州北面运河处有处老厂房，距离市中心近十公里。该厂房为砖墙结构，墙体斑驳，有旧式的框架式玻璃窗户。厂房层高6米左右，建筑面积一万方左右。自1995年后，由于产业升级，该厂房废弃不用。厂房内尚有吊车、机床、鼓风机等工业设备。这些东西已成为许多人心中永恒的文化记忆。目前，该厂房周围有完善的高档餐厅、超市等生活设施，政府希望将该厂房改造为公共空间。请为该空间设计家具或者合适的产品一件。

要求：

1. 概念提取和主题分析，设计策略描述；

2. 产品设计包括产品效果图、三维视图绘制，并对基本尺寸进行标注。

浙江大学2011年工业设计方向专业设计真题

　　石油价格暴涨暴跌，一次能源越来越少。气候后遗症日渐肆虐。当现实逐步逼近，能源安全、气候变化等问题，日益呈现在人类面前。低碳经济、低碳生活成了人们热议的话题。世界各国纷纷将低碳经济作为新的经济增长点，低碳经济也被专家们称之为继蒸汽机、电力、互联网之后的第四次工业革命。

　　某A城市要在市中心建立一个宣传低碳经济和低碳生活的低碳广场。广场周围有完善的高档餐厅、超市、商场、咖啡吧等生活设施。请为该广场设计家具、灯具或者合适的产品一件。

要求：

1. 概念提取和主题分析，产品策略及人机关系分析；

2. 设计创意草图方案至少5个以上，从中挑选1个设计草图方案绘制产品效果图和三维工程视图，并对基本尺寸进行标注等。

浙江大学2011年考研真题样卷

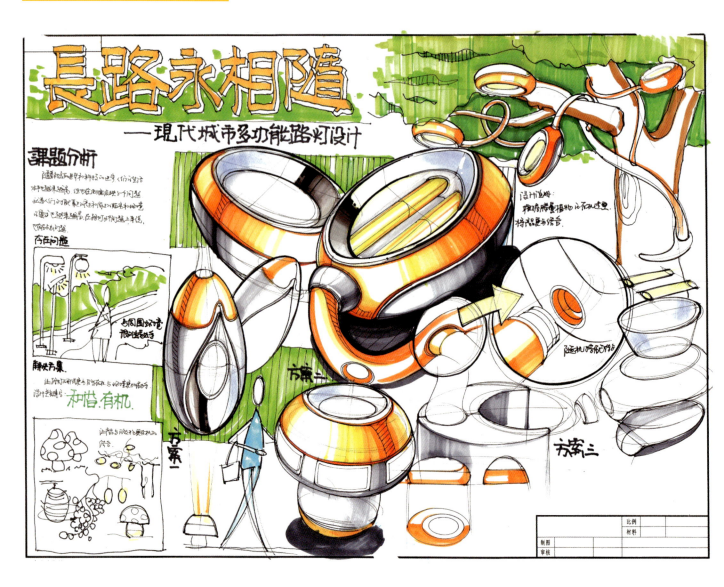

1.6 定向产品领域类模拟题及样卷

模拟题目一：分析现有市场上的吹风机，并发现该产品在日常使用中所存在的问题，然后在其原本的基础上进行改良创新设计，最终在卷面上绘制出一款全新的吹风机。

1. 至少画出三种构思方案，要充分突出该组方案的创新点；
2. 选择其中你满意的一个构思方案进行深入表达，并对其使用方式以图文的形式进行描述表达。同时按照比例绘制出该设计方案的三视图，标注大体的比例尺寸；
3. 详细论述产品的功能特点，设计定位及设计说明。

模拟题目一样卷

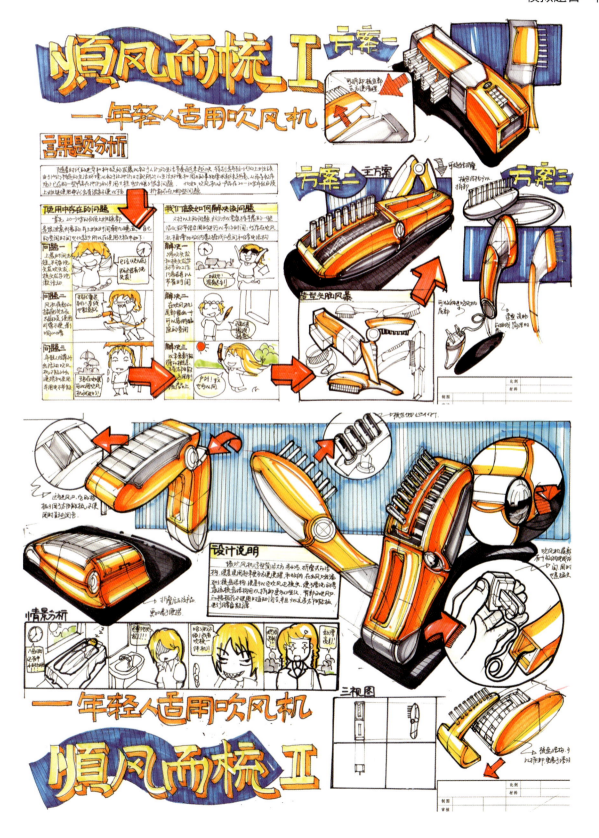

模拟题目二：为婴儿设计一款智能产品

1.充分体现出产品的智能性，并绘制最少三级以上的智能交互界面图；

2.至少画出三个方案，选择其中你满意的一个构思方案进行深入表达，并对其使用方式以图文的形式进行描述表达。同时按照比例绘制出该设计方案的三视图，标注大体的比例尺寸；

3.详细论述产品的功能特点，设计定位及设计说明。

模拟题目二样卷

模拟题目三：针对少女设计一款产品

1.要求从各方面分析人群特点，必须针对性强；

2.选择其中你满意的一个构思方案进行深入表达，并对其使用方式以图文的形式进行描述表达。同时按照比例绘制出该设计方案的三视图，标注大体的比例尺寸；

3.详细论述产品的功能特点，设计定位及设计说明。

模拟题目三样卷(右图)

模拟题目四：小王是刚毕业的大学生，由于工作时间不长且薪资较低，故所租住的场所面积较小。请针对他这种情况，为他设计一款厨房烹饪用具。

1. 至少画出三种构思方案，需充分考虑到小王的具体客观情况；
2. 选择其中你满意的一个构思方案进行深入表达，并对其使用方式以图文的形式进行描述表达。同时按照比例绘制出该设计方案的三视图，标注大体的比例尺寸；
3. 详细论述产品的功能特点、设计定位及设计说明。

模拟题四样卷

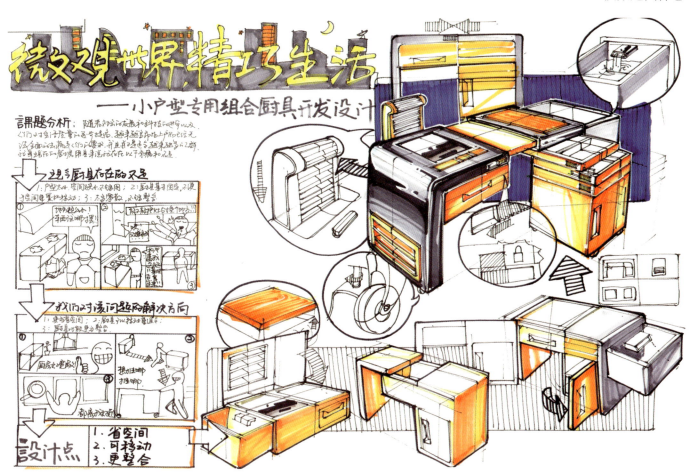

模拟题五样卷

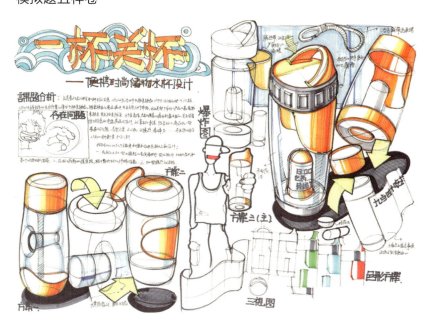

模拟题目五：针对经常生病且需长期接受治疗的人群设计一款产品，来帮助改善他们的生活和帮助他们康复。

1. 至少画出三种构思方案，需充分考虑到该人群的具体客观情况；
2. 选择其中你满意的一个构思方案进行深入表达，并对其使用方式以图文的形式进行描述表达，同时按照比例绘制出该设计方案的三视图，标注大体的比例尺寸；
3. 详细论述产品的功能特点、设计定位及设计说明。

模拟题目六：为某高档会所设计一款刷卡POSS机，可在造型、材质等方面进行创新。

1. 至少画出三种构思方案，需充分考虑到环境的具体实际情况；

2. 选择其中你满意的一个构思方案进行深入表达，并对其使用方式以图文的形式进行描述表达。同时按照比例绘制出该设计方案的三视图，标注大体的比例尺寸；

3. 详细论述产品创新点、设计定位及设计说明。

模拟题目六样卷

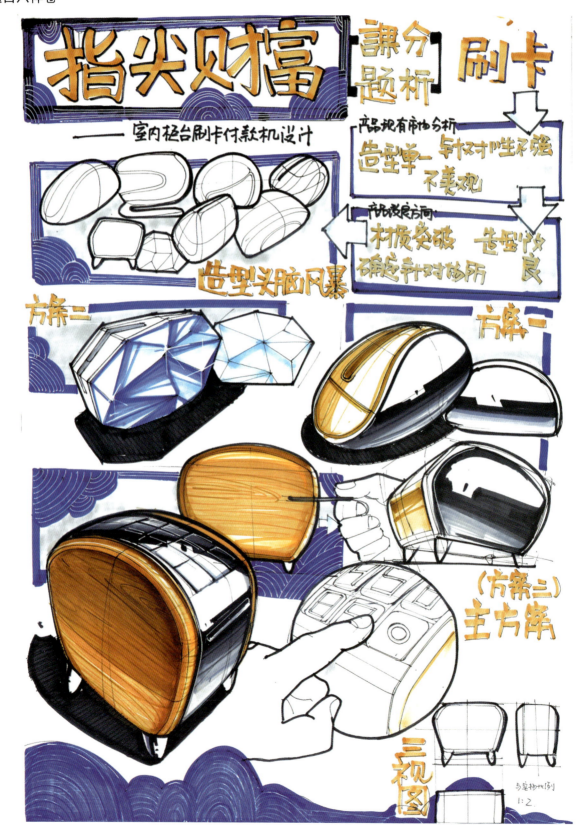

第2节　　其他高分临摹样卷

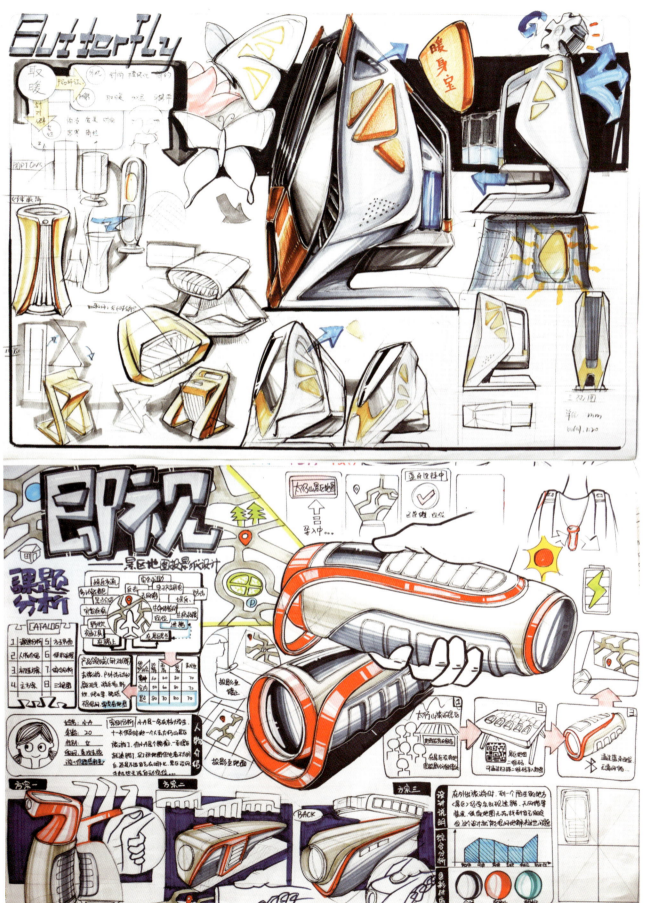

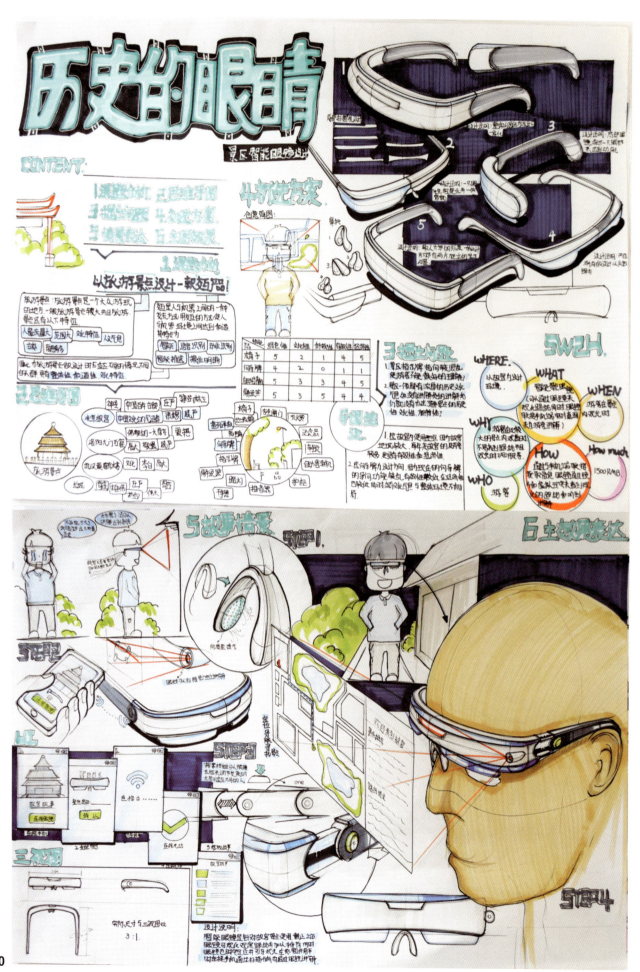

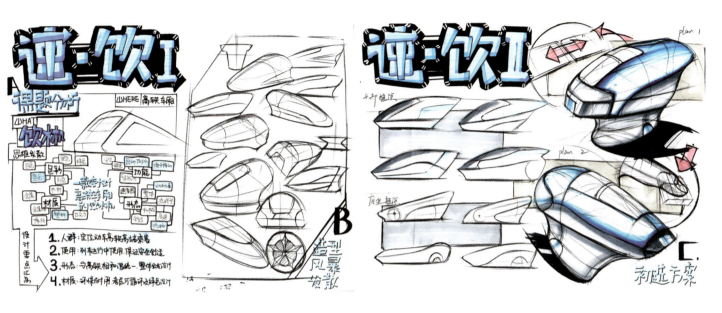

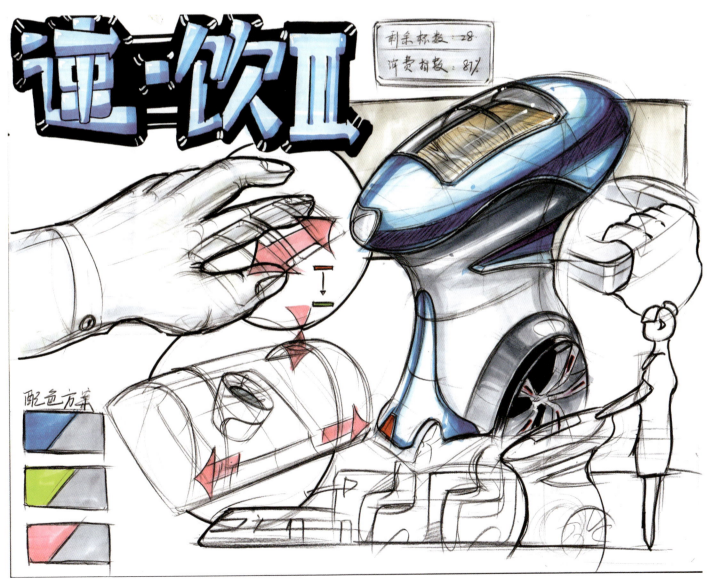

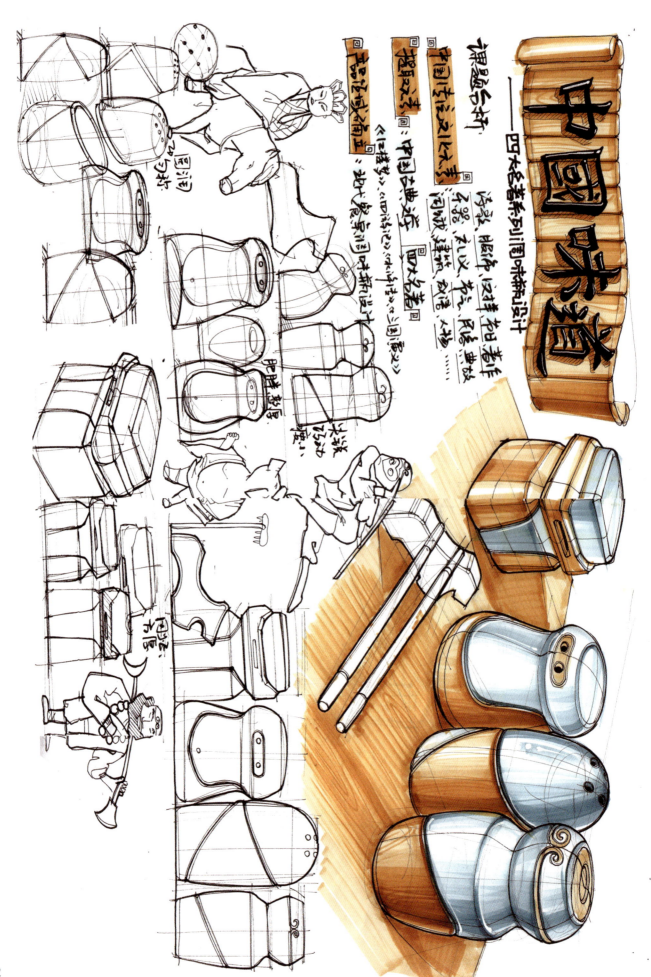

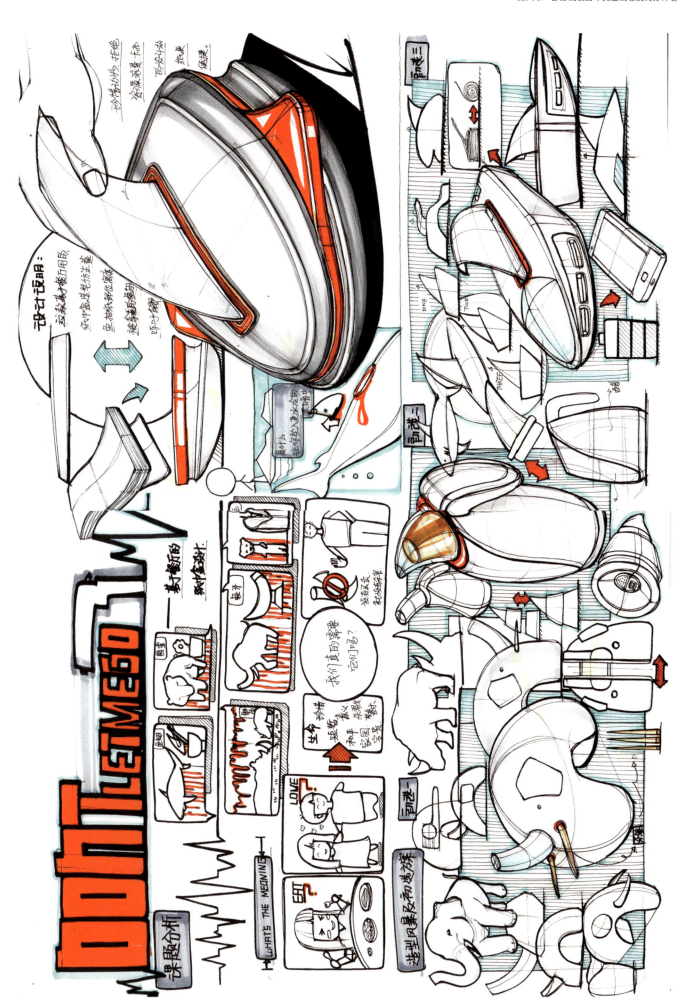

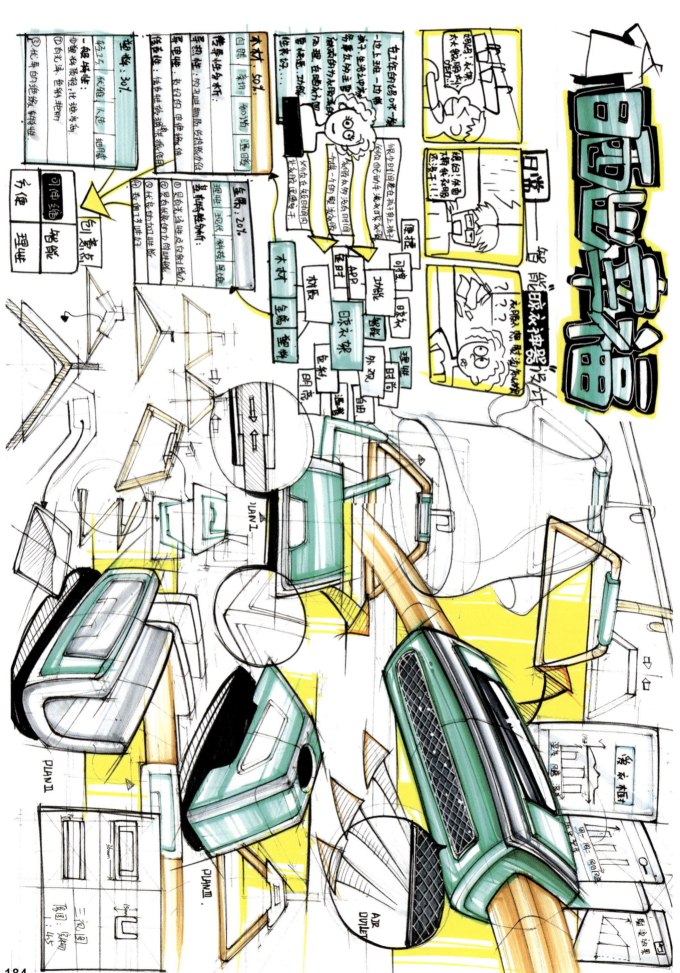

184

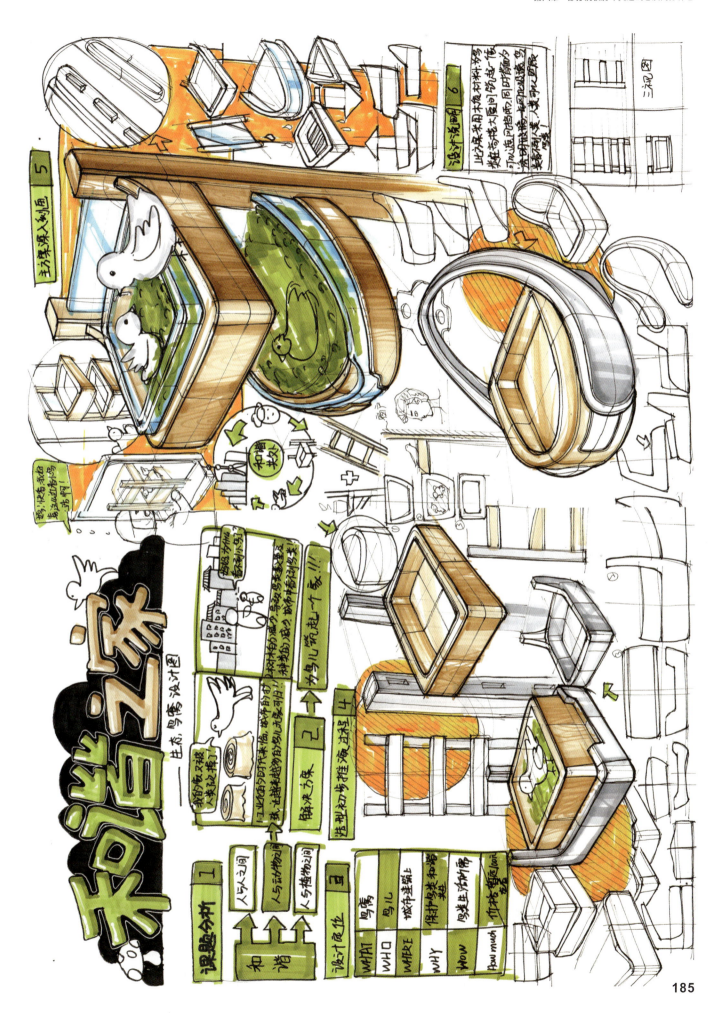

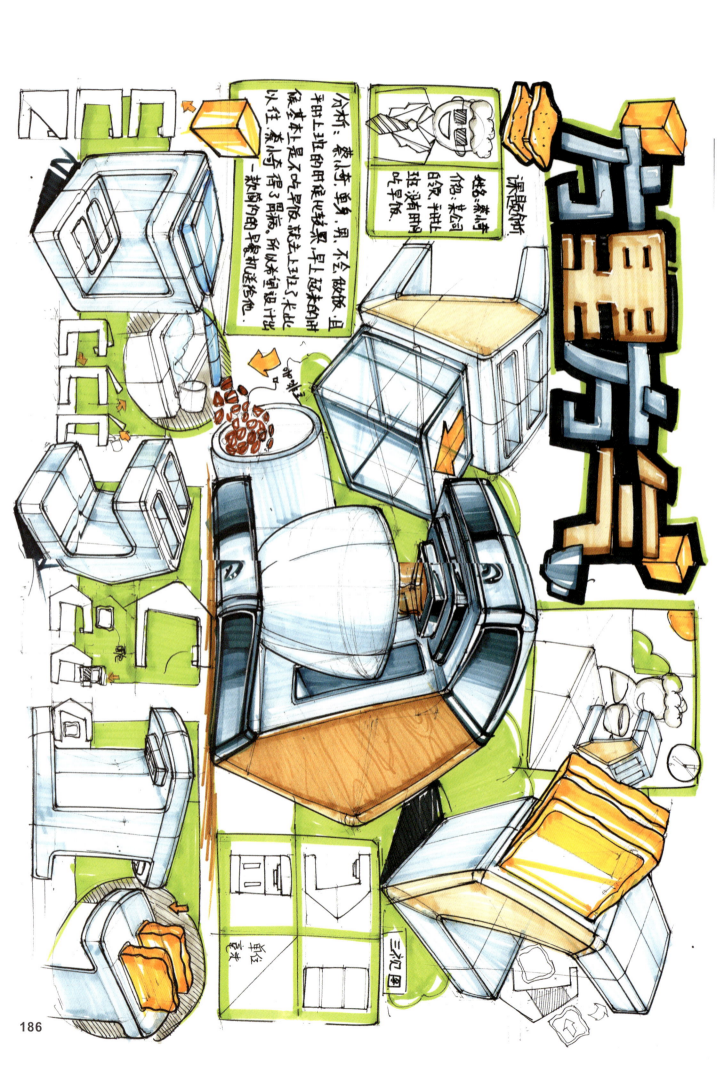

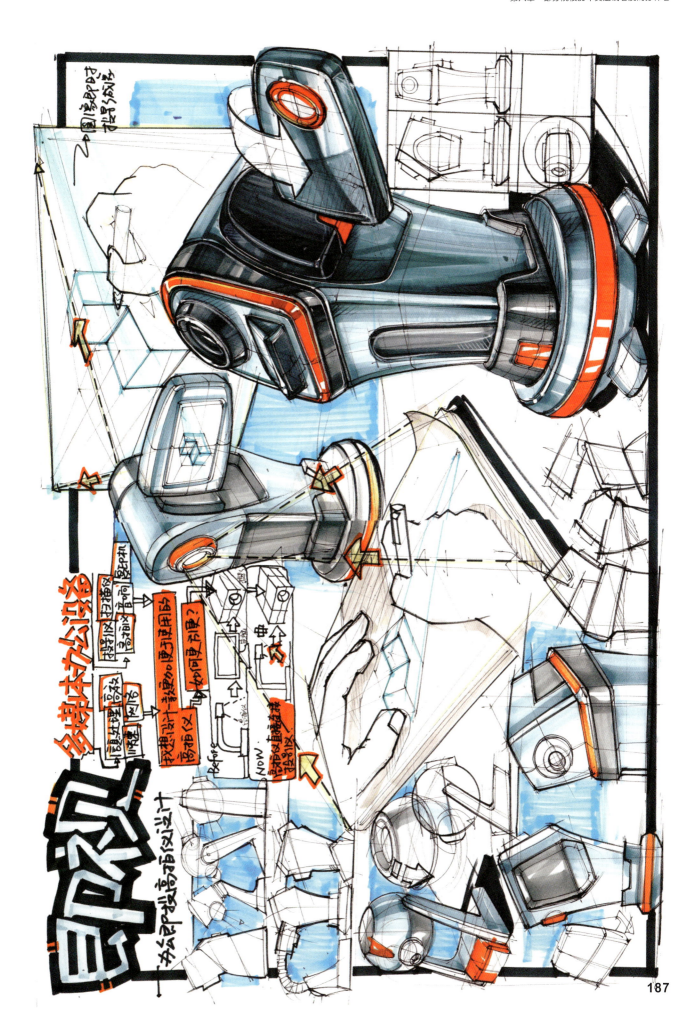

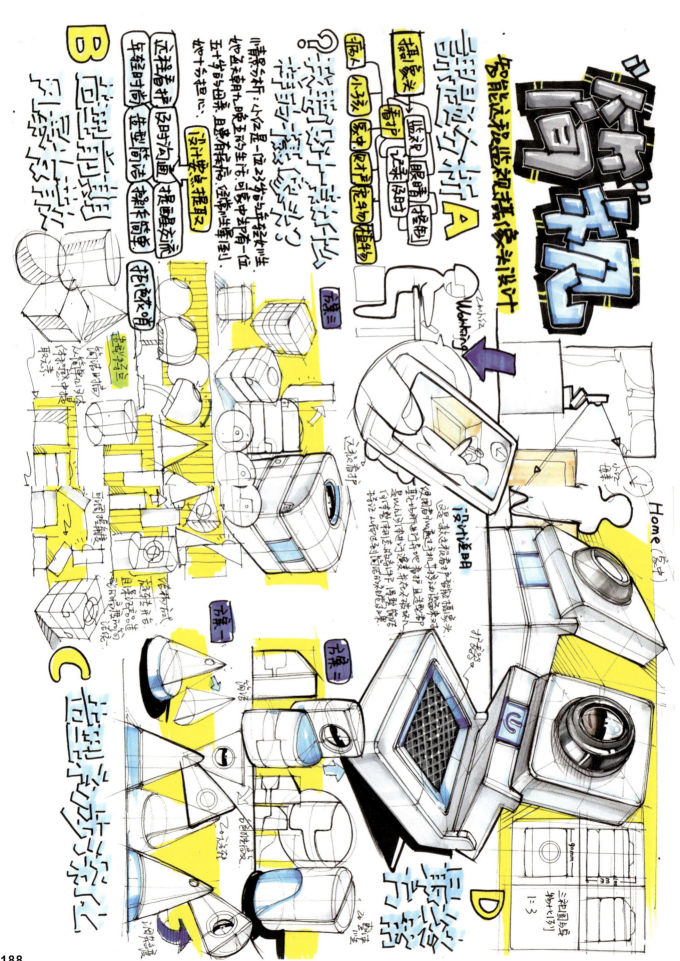

188

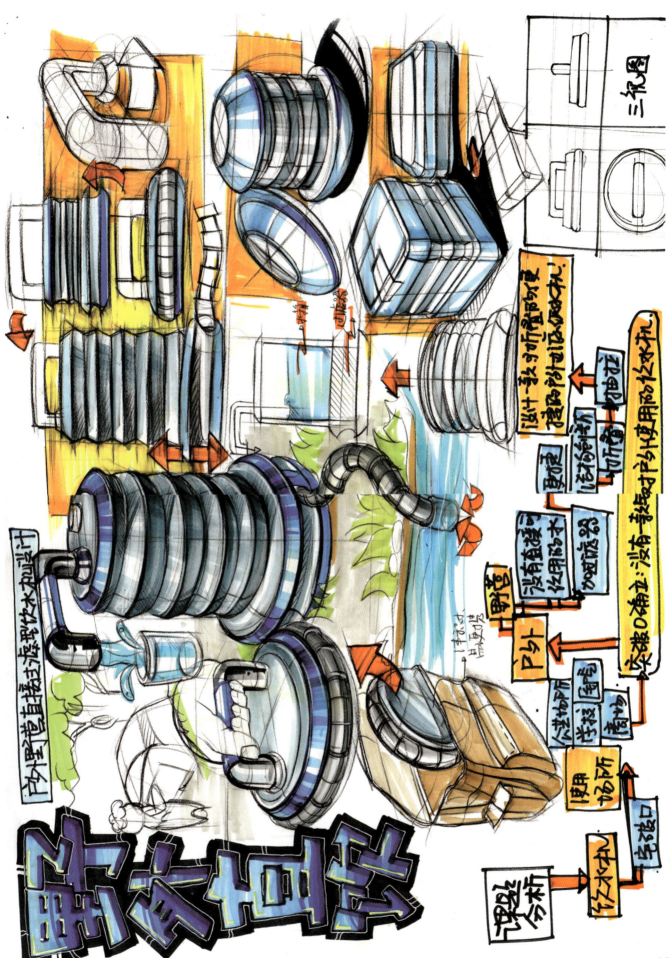

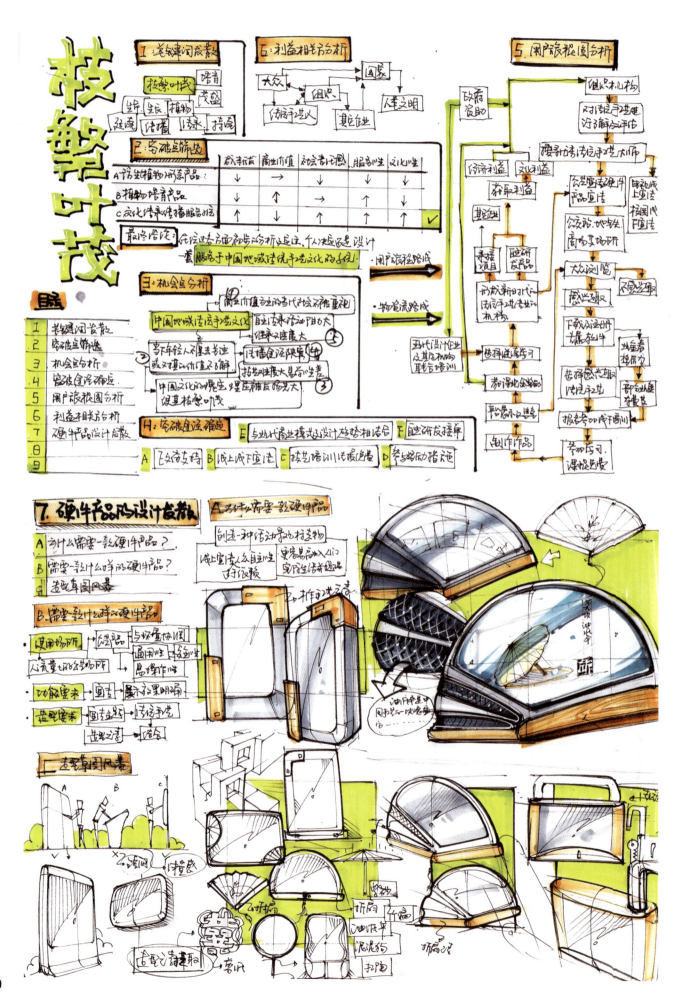

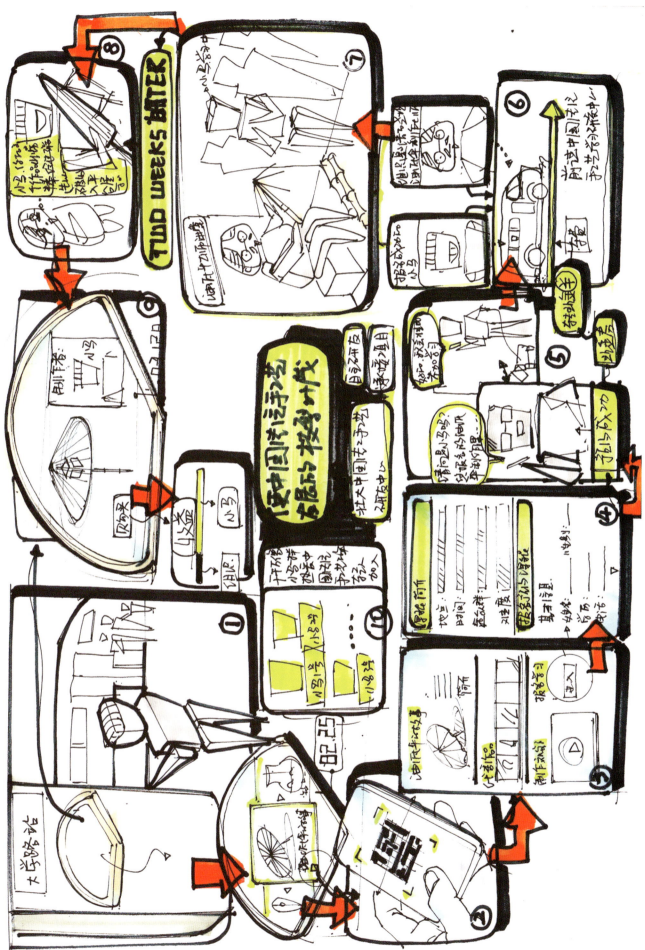

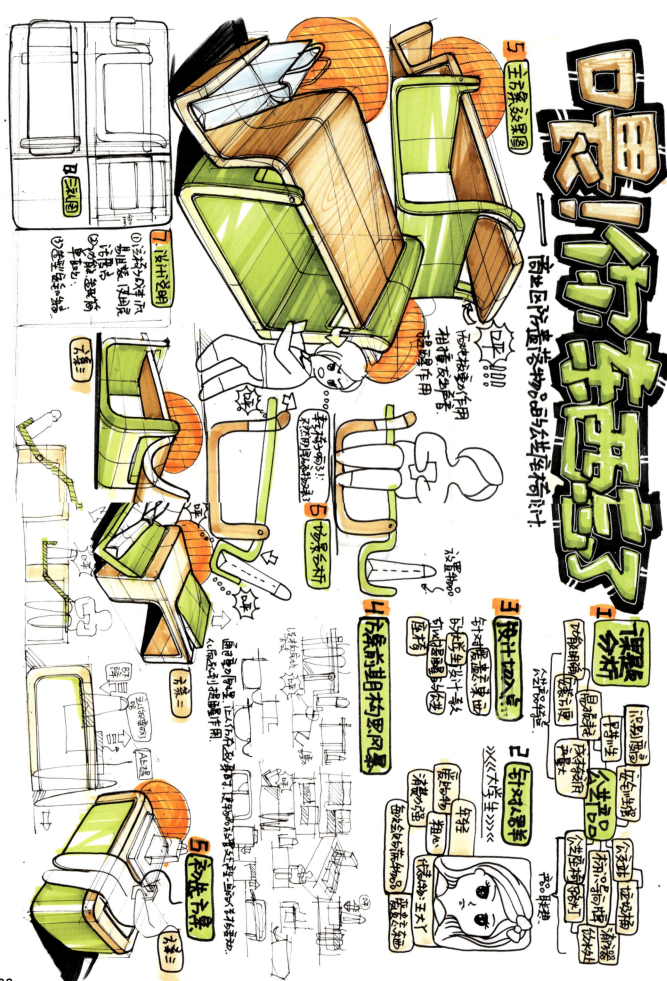

第3节 考研时间安排表

3.1 考研手绘全年备战进度表

考前一年	考前十个月	考前五个月	考前三个月	考前一个月	考前三天
确保自己能熟练掌握基本透视知识，并每天进行一张线条练习。	保证自己在时间充足的情况下，临摹出一幅完整的作品。一天两张A3练习。	初步认识和了解考研手绘的侧重点。一天一张 A3 产品手绘。	基本掌握考研手绘的特点，一周保证一张A2版面，三张A3小稿。	一周画三张A3主方群，保持手感。将时间留给其他三科。	完全按照考试的形式，自己进行一次模拟考。

3.2 考场时间规划表(3小时)

00:30	01:00	01:50	02:00	02:50	02:58
完成标题以及课题分析的绘制。	完成初选方案的线稿绘制。	完成主方案群的线稿绘制。包括主方案、细节图、三视图、情景使用图等。	将整版的所有线稿内容进行检查修整，基本结束线稿绘制工作。	完成整版所有内容上色工作。	检查卷面上是否有遗漏信息，并做最终的检查和调整。

后记

　　本书主编团队在编著此书的过程中得到了很多单位和个人所提供的支持和帮助。他们为本书编著提供了大量的案例、数据及观点。

感谢：河南工业大学设计艺术学院

　　　　郑州市绘友手绘设计有限公司

　　　　云朵工厂原创动漫品牌

　　以及本书中的考研真题案例所涉及的各大院校个人（绘友手绘工作室的助教团队及学员）

　　由于主编团队水平有限，书中部分内容的表达可能会存在一些差错及不合适的地方，望广大读者提出宝贵意见，我们一定不断改进。